EINZELAUSGABE

BEITRÄGE ZUR KENNTNIS DER HISTORISCHEN SONNENFINSTERNISSE UND ZUR FRAGE IHRER VERWENDBARKEIT

VON

PROF. F. K. GINZEL

AUS DEN ABHANDLUNGEN DER KÖNIGL. PREUSS. AKADEMIE DER WISSENSCHAFTEN
JAHRGANG 1918. PHYS.-MATH. KLASSE. NR. 4

MIT 2 TAFELN

BERLIN 1918
VERLAG DER KÖNIGL. AKADEMIE DER WISSENSCHAFTEN

IN KOMMISSION BEI GEORG REIMER

Vorgelegt von Hrn. Struve in der Gesamtsitzung am 18. Juli 1918.
Zum Druck eingereicht am gleichen Tage, ausgegeben am 14. September 1918.

Die empirischen Korrektionen, welche THEODOR V. OPPOLZER in seine »*Syzygientafeln für den Mond*«[1] zur Verbesserung des HANSENschen Mondtafelfundaments eingeführt und bei der Berechnung des *Kanon der Finsternisse*[2] verwendet hatte, sind bekanntlich nur provisorischer Natur. Sie reichen für die Darstellung verschiedener historischer Sonnenfinsternisse, deren Beobachtungsort gesichert ist, nicht aus. Ich habe deshalb bei der Ableitung neuer empirischer Korrektionen das Hauptgewicht auf die historischen Sonnenfinsternisse des Mittelalters gelegt, weil diese an Reichhaltigkeit des Materials und Sicherheit der Quellen den antiken Finsternissen bei weitem überlegen sind. Meine diesbezüglichen Untersuchungen[3] stützten sich auf 22 historische Sonnenfinsternisse zwischen den Jahren 71 bis 1386 n. Chr. und brachten auch einen zwanglosen Anschluß an diejenigen Finsternisse der vorchristlichen Zeit zuwege, welche man der Zeit und dem Beobachtungsorte nach als recht sicher betrachten darf. Die dritte Abhandlung meiner untengenannten Astronomischen Untersuchungen über Finsternisse gibt über die Art der damit erlangten empirischen Korrektionen entsprechende Auskunft; hier sei nur bemerkt, daß für die säkulare Akzeleration der Wert $11.473''$ resultierte. Diese Korrektionen hat R. SCHRAM tabuliert[4], so daß man sie mit geringer Rechnung ohne weiteres an die Elemente der Finsternisse anbringen kann, welche im OPPOLZERschen Kanon dargeboten werden. In meinem *Speziellen Kanon*[5] habe ich dann Gelegenheit ge-

---

[1] *Publikation XVI der astronom. Gesellsch.* Leipzig, 1881.

[2] *Denkschriften d. Kais. Akad. d. Wiss. Wien*, math. Kl. 52. Bd. 1887.

[3] *Astronom. Untersuchungen über Finsternisse* (*Sitzber. d. Kais. Akad. d. Wiss. Wien*, math. Kl. I. Abhdlg. 85. Bd. 1882; II. Abhdlg. 88. Bd. 1883; III. Abhdlg. 89. Bd. 1884.)

[4] *Reduktionstafeln für den Oppolzerschen Finsternis-Kanon zum Übergang auf die Ginzelschen empirischen Korrektionen* (*Denkschriften d. Kais. Akad. d. Wiss. Wien*, math. naturw. Klasse 56. Bd. 1889).

[5] *Spezieller Kanon der Sonnen- u. Mondfinsternisse* für das Ländergebiet der klass. Altert. Wissensch. von 900 v. Chr. bis 600 n. Chr. Berlin 1899.

habt, an 80 historischen, uns von lateinischen und griechischen Autoren und von zuverläßlichen Annalisten überlieferten Sonnenfinsternissen zu zeigen, daß die genannten Korrektionen für die Darstellung der Überlieferung durchaus zutreffen; das gleiche haben meine Untersuchungen über historische Sonnenfinsternisse altspanischer, persischer und arabischer Tradition[1] bestätigt. Ich habe lange den Wunsch gehabt, die Prüfung meiner Korrektionen an dem reichhaltigen historischen Quellenmateriale fortzusetzen, welches das Mittelalter in Hinsicht auf Sonnenfinsternisse darbietet. Indessen haben die Verhältnisse, namentlich aber die Ausarbeitung meines Handbuches der mathematischen und technischen Chronologie, welches durch 14 Jahre meine außeramtliche Zeit in Anspruch nahm, die Erfüllung jenes Wunsches aufgeschoben. Erst jetzt bin ich in der Lage auf den Gegenstand wieder zurückzukommen. Während die in meinen obengenannten früheren Arbeiten behandelten historischen Sonnenfinsternisse hauptsächlich Quellen aus Mittel- und Westeuropa betreffen (Deutschland, Frankreich, England, Italien, Spanien), wende ich mich in der vorliegenden Abhandlung zu beobachteten Finsternissen, die in nordischen und vorderasiatischen historischen Quellen überliefert sind; von den ersteren einige besonders seit der annalistischen Selbständigkeit Islands gemeldete Finsternisse, von den zweiten solche aus der Zeit der Kreuzzüge und der armenischen Geschichte. Dabei wurden noch einige andere Finsternisse mitbehandelt; der Zeit nach bin ich, wie in meinen früheren Untersuchungen, nicht über 1400 n. Chr. hinausgegangen, da die Bearbeitung späterer Finsternisse für die Prüfung der Mondtheorie wenig Zweck hat. Ich gebe zunächst die Sonnenfinsternisse hier an, wobei ich ihr Datum astronomisch (von Mittag zu Mittag, entgegen der Zählung in Oppolzers Kanon) ansetze:

Totale	Sonnenfinsternis	693	Okt.	4	Ringförm.	Sonnenfinsternis	1236	Aug.	2
Ringförm. totale	»	1030	Aug.	31	Totale	»	1239	Juni	2
Ringförm.	»	1033	Juni	28	Totale	»	1241	Okt.	6
Totale	»	1113	März	18	Ringförm.	»	1263	Aug.	5
Totale	»	1131	März	30	Totale	»	1312	Juli	4
Totale	»	1133	Aug.	2	Totale	»	1330	Juli	16
Ringförm.	»	1147	Okt.	25	Ringförm.	»	1337	März	2
Totale	»	1187	Sept.	3	Ringförm. totale	»	1339	Juli	7
Totale	»	1194	April	22	Totale	»	1361	Mai	4

Der Gewinn, den die Prüfung der Mondtheorie aus der Überlieferung dieser Finsternisse ziehen kann, ist, wie weiterhin ersichtlich, ein doppelter:

[1] *Sitzungsber. d. Kgl. Akad. d. Wiss. Berlin,* 1886 und 1887.

bei mehreren Finsternissen, bei welchen sich meine früherere Untersuchung auf mittel- und westeuropäische historische Quellen beschränkt hatte, ist die Totalitätsbeobachtung nun auch für den Orient nachgewiesen, und also die Lage der beobachteten Zentralitätszonen geographisch bedeutend ausgedehnt worden; einige mit Material neueintretende Finsternisse ferner haben Totalitätsnachweise geliefert. Selbstverständlich sind unter den oben angeführten Finsternissen verschiedene gewesen, aus welchen die Prüfung der Mondtheorie keinen Nutzen ziehen kann. Ich bemerke noch, daß das historische Material, welches ich im folgenden darbiete, mit Ausnahme der Finsternis 1030 August 31, bisher noch von niemandem astronomisch verwertet worden ist.

Zur Vergleichung von Beobachtung und Rechnung korrigierte ich die Elemente des Oppolzerschen Kanons mit meinen empirischen Korrektionen nach den oben angegebenen Schramschen Tafeln und berechnete dann die Lage der Grenzkurven der Totalität und Ringförmigkeit, bei einigen Finsternissen auch Zeit und Größe der Maximalphase für einen bestimmten Ort. Ich gebe hier für die 18 Sonnenfinsternisse die veränderten Elemente und die Hilfsgrößen an, soweit sie zur Ermittlung der Grenzkurven oder der Maximalphasen nötig sind; die Größen G, K, $\cos\delta'$, $\sin\delta'$, $\cos k$, $\sin k$, $\cos g$, $\sin g$, f_a bleiben gegen die des Kanon ungeändert; betreffs der Bedeutung

Nr.	μ	u'_a	γ	$\log n$	$\log \rho'$	$\log \omega$	$\log \sigma$	$\log \pi'$	$\log \pi''$
1	303.78°	0.5374	+0.4911	9.7648	7.6685	1.3915	0.8794	9.9763	9.9759
2	30.55	0.5476	+0.8969	9.7418	7.6631	1.4150	0.8980	9.9756	9.9761
3	352.13	0.5529	+0.3932	9.7273	7.6248	1.4488	9_n1530	9.9634	9.9617
4	266.46	0.5345	+0.7491	9.7662	7.6668	1.3515	1_n0948	9.9397	9.9399
5	27.82	0.5336	+0.7027	9.7665	7.6632	1.3547	1_n0826	9.9402	9.9407
6	0.62	0.5338	+0.5411	9.7634	7.6453	1.3798	0.9851	9.9445	9.9457
7	347.11	0.5616	+0.7198	9.7242	7.6584	1.4142	1.0516	9.9431	9.9443
8	355.53	0.5349	+0.7035	9.7649	7.6648	1.3550	1.0889	9.9400	9.9404
9	23.84	0.5334	+0.7727	9.7645	7.6492	1.4007	0_n7552	—	9.9735
10	348.91	0.5663	+0.7459	9.7060	7.6466	1.4609	0.7765	9.9729	9.9718
11	359.50	0.5316	+0.3172	9.7653	7.6243	1.4047	0_n6313	9.9543	9.9560
12	8.50	0.5365	+0.8093	9.7657	7.6662	1.3583	1.0734	9.9413	9.9407
13	29.56	0.5636	+0.8016	9.7112	7.6478	1.4288	1.0564	9.9449	9.9437
14	301.53	0.5447	+0.8042	9.7415	7.6281	1.4341	0.1356	9.9644	9.9660
15	48.54	0.5460	+0.7325	9.7399	7.6344	1.4333	0.4969	9.9674	9.9689
16	305.71	0.5636	+0.6206	9.7172	7.6684	1.4013	1_n1410	9.9395	9.9398
17	24.76	0.5501	+0.6430	9.7321	7.6289	1.4310	0.8230	9.9507	9.9523
18	314.36	0.5347	+0.3706	9.7612	7.6392	1.4099	0_n5958	9.9693	9.9706

derselben und von μ, u'_a, γ, $\log n$ verweise ich auf S. XXIII und XXIV des Oppolzerschen Kanon; bei der letzten Zahl in der vorstehenden Tabelle gilt $\log\pi'$ für die nördliche, $\log\pi''$ für die südliche Grenzkurve.

Die Grenzkurven der Totalität und Ringförmigkeit, welche mit vorstehenden Größen nach Oppolzers Formeln berechnet sind, findet man auf vier der Abhandlung beigegebenen Karten eingetragen.

Zur Vergleichung der Lage der berechneten Zentralitätszonen mit der historischen Überlieferung sind unbedingt Bemerkungen über die Zuverläßlichkeit der Quellen, ihre Herkunft, den Ort ihrer Entstehung, ihr etwaiges Abhängigkeitsverhältnis usw. notwendig, um über den Beobachtungsort der Finsternis entscheiden zu können. Ich habe die notwendigen von diesen Bemerkungen — die sich übrigens der astronomische Leser meist nicht ohne weiteres oder nur mit erheblichem Aufwand von Zeit verschaffen kann — für jede Finsternis beigefügt.

Im zweiten Teile der vorliegenden Abhandlung, welcher auf die Darlegung der Ergebnisse der 18 Sonnenfinsternisse folgt, gehe ich noch auf die Frage ein, welchen Wert die von den Astronomen verwendeten historischen Sonnenfinsternisse des Altertums und des Mittelalters überhaupt für die Prüfung der Mondtheorie besitzen.

Ich stelle noch eine Anzahl geographischer Positionen von Orten zusammen, welche im folgenden Texte zur Beurteilung gebraucht werden (λ = Länge v. Greenw., ϕ = n. Br.).

	λ		φ			λ		φ	
Rejkiavik....	338°	4'	64°	8'	Spalato	16°	27°	43°	30'
Skalholt.....	339	30	64	8	Salona......	16	29	43	33
Hels Eya ...	340	30	66	0	Byzanz	28	59	41	0
Holar.......	341	40	65	22	Alexandria ..	29	52	31	12
Modruvellir..	344	10	65	20	Dorylaeum ..	30	28	39	44
Genua	8	56	44	25	Atrib	31	14	30	30
Rye	9	32	54	50	Kairo.......	31	15	30	2
Bergamo	9	41	45	42	Askalon.....	34	34	31	40
Essenbek....	10	7	56	27	Jerusalem ...	35	13	31	46
Dronthjem...	10	22	63	26	Edessa......	38	53	37	15
Lucca.......	10	31	43	51	Trapezunt...	39	46	41	1
Reggio......	10	37	44	42	Erzerum	41	16	39	54
Stiklastad[1] ..	11	35	63	48	Ani.........	43	30	40	40
Lund	13	11	55	42	Bagdad	44	22	33	20

[1] Nach Chr. Hansteen.

I.

1. Totale S. F. 693 Oktober 4, 20^h 8.1^m.

Elias von Nisibis (d. i. der um 1049 verstorbene nestorianische Bischof von Nisibis) gibt zu den Jahren 74 und 75 *Hidschra* (693 und 694 n. Chr.) in seiner Chronographie eine totale Sonnenfinsternis in doppelter Weise an:

a) »Das Jahr 74 begann am Dienstag, den 13. *Jjar* 1004 der griechischen Zeitrechnung (d. i. der seleuk. Ära); in ihm fand eine Sonnenfinsternis statt am 29. *Djemâdi I* und am 5. *Tesrîn I*, so daß die Sterne sichtbar wurden.«

b) »Das Jahr 75 begann am Sonnabend, den 2. *Jjar* 1005 der gr. Ztr., in ihm war eine totale Sonnenfinsternis am Sonntag, den 5. *Tesrîn I* um die 5. Tagesstunde.« (*Fragmente syrischer und arabischer Historiker*, herausgegeben und übersetzt von F. Baethgen) [*Abhdlgn. f. die Kunde d. Morgenlandes* VIII 3, S. 118 und 119].

Die beiden Jahresanfänge sind nach dem mohammedanischen Volkskalender mit seleukidischer Ära[1] 693 Mai 13 resp. 694 Mai 2. Die Bezeichnung »29. *Djemâdi I* und am 5. *Tesrîn I*« soll eine Gleichung vorstellen und besagen, daß der arabische 29. *Djemâdi I* = 5. *Tešrîn I* (seleuk. Monat) = 5. Oktober ist. Dies trifft am Datum 693 Oktober 5 zu, überdies stimmt der Wochentag = Sonntag hierzu in der Notiz b). Es handelt sich also hier nur um eine Finsternis und zwar um die am 5. Oktober 693 in den Morgenstunden stattgefundene Sonnenfinsternis.

Die Chronographie des Elias von Nisibis war den älteren Orientalisten noch unbekannt, sie ist erst im 19. Jahrhundert aufgefunden und nach London gebracht worden. Der Autor hat die seltene Gewohnheit, zu seinen Notizen die Quellen anzugeben, aus denen er die Nachrichten geschöpft hat. Zu der Stelle a) werden Huwarazmi und Iso'deneh, Metropolit von Basra, zu b) wird Huwarazmi allein genannt. Dieser Huwarazmi wird von Hammer-Purgstall in der *Literaturgeschichte der Araber*[2] unter den »Astronomen« des Kalifats angeführt: no. 1158, Mohammed Ben Musa el-Chuaresmi (um 218 *Hidschra* = 833 n. Chr.), der Chuarezmier. Derselbe war als Bücherbewahrer unter dem gleichzeitigen Kalifen Al Mâmun angestellt; er wird

[1] Ginzel, *Handb. d. math. u. techn. Chronol.* I 263 f.

[2] III. Bd., 1. Abteilg., S. 263.

als Verfasser astronomischer Tafeln, eines Buches über Sonnenuhren, eines über den Gebrauch des Astrolabiums, eines Algebrabuches und einer »Geschichte« gerühmt. Die letztere enthielt jedenfalls die Nachricht über die Sonnenfinsternis, die Huwarazmi aus den ihm zugänglichen lokalen Aufzeichnungen geschöpft hat. Als Beobachtungsort ist Bagdad, der Sitz der Abbassidenkalifen anzusehn, wo die Bibliothek aufgestellt war, und wo Mâmun auch die erste Sternwarte unter der Kalifenherrschaft erbaut hatte[1]. — Über den Metropoliten von Basra scheint nichts Näheres bekannt zu sein.

Die Sonnenfinsternis habe ich bereits früher (G III)[2] mit drei Quellen, Theophanes (Confessor), Paulus Diaconus und Kedrenos belegt. Der erstere ist ein byzantinischer Schriftsteller, der die unvollendet gebliebene Chronik des Georgios Synkellos (gest. 810/11) fortsetzte; er benutzte die oströmischen Kirchenschriftsteller, für die spätere Zeit Malalas, Symokatta u. a., und eine ausführlich geschriebene Stadtchronik von Byzanz[3]; aus letzterer stammt wahrscheinlich der Finsternisbericht, er bezieht sich also auf Byzanz oder doch wenigstens auf Thrazien. Bei dem zweiten Autor handelt es sich um die als *Historia miscella* bekannte, von Landulf Sagax (um 1000) unternommene Überarbeitung und Fortsetzung der *Historia Romana* des Paulus Diaconus (aus Friaul, geb. um 720). Beide Finsternisberichte sind gleichlautend und melden, daß im 9. Jahre Justinian II (693) in der 3. Tagesstunde eine S. F. war, bei welcher die Sterne deutlich hervortraten; falls nicht beide Berichte aus gleicher Quelle stammen, könnte der des Paulus Diac. auch aus Oberitalien herrühren, wo die Finsternis ebenfalls total war (Paulus Diac. schrieb zu Pavia)[4]. Der dritte Chronist Georgios Kedrenos kommt für die Beurteilung der S. F. nicht in Betracht, da seine Weltchronik fast nur eine Kompilation früherer Werke (bis 1057) ist.

Während die Meldung des Huwarazmi die Totalität für Bagdad feststellt, ergänzen Theophanes und Paulus Diac. die Lage der Zentralitäts-

---

[1] Daselbst I. Bd., 1. Abteilg., S. XLVII.

[2] Meine eingangs dieser Abhandlung erwähnten »*Astron. Unters. über Finsternisse*« sind im folgenden mit G I, G II, G III bezeichnet.

[3] S. Krumbacher, *Geschichte d. byzant Literatur*, 2. Aufl. 1897, S. 343.

[4] Über die Quellen bei Paulus Diac. vgl. M. Manitius, *Geschichte d. latein. Liter. des Mittelalters* (Müllers *Handb. d. klass. Altert.-Wiss.*, 9. Bd. 1911, S. 262f.), W. Wattenbach, *Deutschl. Gesch.-Quellen im Mittelalter*, 7. Aufl. 1904, I. Bd., S. 180.

zone für Thrazien oder Byzanz; die berechneten Grenzen der Zentralität, die man auf Karte IV dieser Abhandlung eingetragen findet, genügen beiden Meldungen völlig:

	Nördl. Grenze		Südl. Grenze	
$t = 312°$	$\lambda = 27.42°$	$\phi = 40.98°$	$\lambda = 27.60°$	$\phi = 39.29°$
315	29.85	40.19	30.01	38.49
318	32.22	39.39	32.36	37.68
321	34.54	38.57	34.66	36.83
324	36.81	37.72	36.91	35.94
327	39.03	36.84	39.10	35.04
330	41.19	35.93	41.23	34.11
333	43.30	35.01	43.31	33.16
336	45.36	34.07	45.35	32.19
339	47.37	33.10	47.33	31.21
342	49.33	32.12	49.26	30.22

Die Zeiten der Maximalphasen stimmen ebenfalls: s. oben, für Byzanz »dritte Tagesstunde« (ca. $20^h\,50^m$ Maximum), für Bagdad »fünfte Tagesstunde« (ca. $22^h\,12^m$ Maximum)[1].

2. Ringförmig totale S. F. 1030 August 31, $2^h\,9.4^m$.

Chr. Hansteen hatte schon 1833 in einem Aufsatze über das Datum der Schlacht bei Stiklastad[2] auf eine Sonnenfinsternis aufmerksam gemacht, welche am Schlachttage sich ereignet haben sollte, an welchem der König Olaf Haraldssons seinen Tod fand; das Datum der Schlacht und der S. F. sei der 31. August 1030. Im Jahre 1849 gab Hansteen die astronomische Berechnung der S. F.[3] und verwendete das Ergebnis zur Verbesserung der Burckhardtschen Mondtafeln. Seitdem ist die S. F. von Hansen, Airy, Newcomb, Oppolzer u. a. zur Prüfung der Mondtheorie verwendet worden. Hjort wies aber, unter Berufung auf Konrad Maurer, darauf hin[4], daß der Schlachttag nicht mit der S. F. zusammengefallen sein könne, sondern daß zwischen beiden Tagen die Differenz von einem Monat liege, da für

[1] Vgl. Ginzel, *Handb. d. math. u. techn. Chronol.* III 91.

[2] *Om det rette aar og dagen, da slaget ved Stikklestad blev holdet* (*Samlinger til det Norske Folks og Sprogs Historie* I. Bd., p. 452 f., II. Bd., p. 157 f.).

[3] *Ergänzungsheft z. d. Astron. Nachrichten*, Altona 1849, S. 41—52.

[4] *Astron. Nachr.* 120. Bd. 1889, S. 183.

die Schlacht der 29. Juli 1030 anzunehmen sei; wo die S. F. beobachtet wurde, sei fraglich »und die Finsternis wird also aus dem Verzeichnis der chronologischen Sonnenfinsternisse zu streichen sein«. Wegen der letzteren Bemerkung, ferner weil die S. F. als nordische in das Programm der vorliegenden Abhandlung fällt, erfährt die S. F. im folgenden eine nochmalige Behandlung.

König Olaf (geb. 995), ein eifriger Heidenbekehrer, unterwarf Norwegen mit dem Dronthjemlande 1015/16. Den Wühlereien des Dänenkönigs Knut gelang es durch Benutzung verschiedener Umstände 1028, viele der Lehensleute Olafs zum Abfall vom Könige zu bewegen, und sich der Herrschaft über Norwegen zu bemächtigen. Olaf, der bei den Russen Hilfe gesucht hatte, machte im Frühjahr 1030 den Versuch, sein Land wiederzugewinnen, brachte aber nur ein kleines Heer zusammen, mit welchem er die Kjölen überstieg; im Dronthjemlande stieß er auf eine ihm weit überlegene feindliche Streitmacht und fiel im Kampfe bei Stiklastad (nordöstlich von Dronthjem). — Die älteren nordischen Chronisten und Historiker sind betreffs des Todesjahrs Olafs schwankend; nach Are Frode, Torfaeus und einigen Sagen war es das Jahr 1030, nach Lagerbring 1032, nach Suhm 1033, nach anderen das Jahr 1028. Konrad Maurer hat durch eine sorgfältige, auf alle Quellen Bezug nehmende Untersuchung über das Leben Olafs festgestellt[1], daß nur das Jahr 1030 in Betracht kommen kann. Hiermit stimmen die isländischen Annalen, von welchen ich hier zwei Proben gebe:

Lögmanns-annall[2] p. 250 zum Jahre 1030: Fall hins helga Olafs a Stiklastodum.

Gottskalks-Annaler[3]: M°XXX. Passio sancti Olavi regis.

Als Tag der Schlacht gilt nach *Snorre Sturlason's Heimskringla* der IV. kal. Augusti = 29. Juli:

cap. 239 (Saga Olafs hins helga)[4]. þa varđ þat, er fyrr var sagt, at himinn var heiđr, sen sol hvarf at syn ok gerđi myrkt.

---

[1] *Die Bekehrung des norwegischen Stammes zum Christentum.* II. Bd. (München 1856), S. 530—540.

[2] Storm, *Islandske Annaler indtil 1578,* Christiania 1888.

[3] Daselbst p. 317.

[4] *Heimskringla eller Norges Kongesogaer af Snorre Sturlasson,* udgivne ved C. R. Unger. Christiania 1868, S. 491, 499.

þess getr Sigvatr: Undr lata þat ytar
eigi smatt, er mattit
skaenjörđungum skorđu
skylauss röđull hlyja.
drjug varđ a þvi doegri,
dagr nađit lit fögrum,
orrostu fra ek austan
atburđ konungs furđa.

[1][Da geschah, wie früher erwähnt, daß der Himmel klar war. Aber die Sonne verschwand und es wurde finster. Davon sagt Sigvatr: Die Männer hielten das für kein kleines Wunder, daß die (von keinen Wolken) verborgene Sonne die Männer nicht erwärmen konnte. Großes Wunder geschah an diesem Tage, da er ein schönes Aussehen nicht hatte. Ich erfuhr im Osten die Ereignisse des Kampfes des Königs]. cap. 248: Olafr konungr fell miđvikudag IIII. kal. Augusti. þat var naer miđjum degi, er þeir fundust, en fyrir miđmunda hosst orrostan; en konungr fell fyrir nón en myrkrit helzt fra miđmunda til nóns. [König Olaf fiel Mittwoch, den IV. kal. Aug. Es war nahezu Mittag, als sie (die Heere) sich begegneten. Vor miđmunda (= vor $1^1/_2{}^h$ nachmittags) fing die Schlacht an und die Finsternis dauerte von miđmunda bis Non (= hora nona = 3^h Nachmittag).] — Das *Flateyjarbok*[2] enthält dieselbe Stelle gleichlautend (cap. 286 und 295); es ist, da viel später geschrieben, nicht selbständig. — Ferner berichtet die sog. legendarische *Olafssaga* (Ausg. 1849), cap. 93, S. 70: Nu let Olafr konungr lif sitt. þa vard sva mikil ogn, at solen fal geisla sinn ok gerde myrkt. En ađr var fagrt veđr. Eftir þvi, sem þa var, er sialfr skaparenn for af veruldinne. [Jetzt ließ König Olaf sein Leben. Da geschah das große Wunder, daß die Sonne ihren Strahl verbarg und es finster wurde. Gerade wie damals, als der Schöpfer selbst von der Welt schied.]

An der Angabe des *Heimskringla*[3], daß der 29. Juli der Schlachttag gewesen sei, ist zu zweifeln kein Grund vorhanden. Auch stimmt der Wochentag, Mittwoch, in den Jahren 1028 bis 1033 nur im Jahre 1030 auf den 29. Juli. Anderseits ist während der ganzen Regierungszeit Olafs

[1] Die Übersetzung dieser Stelle und der isländischen Texte in dieser Abhandlung verdanke ich dem schwedischen Historiker NAT. BECKMAN.

[2] 2. Band, Christiania 1862, S. 355, 356 und 367.

[3] Die *Heimskringla* gilt als die beste isländische Geschichtsschreibung. Der Verfasser, Snorre Sturlasson, war Isländer (geb. 1178) und schrieb das Werk, gestützt auf mündliche Sagen, Lieder, geschriebene Berichte, und die Gesänge der Skalden, bis auf seine Zeit (1177). — Die skandinavischen Kirchspiele feiern den Gedächtnistag des heil. Olaf am 29. Juli.

keine andere totale S. F. in Norwegen möglich gewesen als die vom 31. August 1030. Schlacht und S. F. liegen also um mehr als einen Monat auseinander und zwar die S. F. später als des Königs Tod. Die gemeldete Verfinsterung der Sonne kann man nicht als bloße »meteorologische Verdunkelung« abtun, da sie sonst nicht als »großes Wunder«, das am klaren Tage eintrat, hätte bezeichnet werden können. Der Zusammenhang zwischen Schlacht und Sonnenfinsternis ergibt sich erst aus der Betrachtung der zeitlichen Begebnisse.

König Knut hatte den aufständischen Lehensleuten verschiedene Vorteile für ihre Mitwirkung versprochen, darunter die Verleihung der Jarlswürde. Sofort nach dem Tode Olafs aber brach er alle seine Versprechungen und behandelte Norwegen wie eine dänische Provinz. Es trat deshalb sehr schnell Ernüchterung bei den Helfern ein. Die Reue über den begangenen Verrat machte schnell einer Verherrlichung Olafs Platz; man griff angebliche Wunderzeichen auf, die zu Olafs Tod Beziehung haben sollten, und Olaf galt schon im nächsten Jahre, 1031, allgemein beim Volke als ein Heiliger[1]. In dieser Zeit der Spannung (die 1034 bis zur Empörung gegen Knut gediehen war) brachte man auch die Sonnenfinsternis, die man bald nach Olafs Fall gesehen hatte, mit dem Schlachttage in Verbindung. Der Sänger und Krieger Sigvatr, ein getreuester Anhänger, der dem Könige 15 Jahre gedient hatte, spricht in der obigen Stelle, wie er selbst sagt, nicht als Augenzeuge, sondern er »hörte nur davon« im Osten, d. h. in Schweden, da er sich auf einer Pilgerreise nach Rom befand[2]. Von Späteren, die die Olafsage aufzeichneten, wurden dann S. F. und Todestag des Königs miteinander verknüpft. — Der Ort, wo die S. F. als totale gesehen worden ist, läßt sich, nach dem Gesagten, nur zweifelhaft angeben; aber es wird wohl die Beobachtung im Dronthjemer Bistume, wenn nicht zu Dronthjem selbst, gemacht worden sein. Dort spielten sich die Ereignisse vor und nach der Schlacht ab. Häuptlinge und Volk werden nach der Schlacht nicht sofort auseinander gegangen sein, sondern man wird abgewartet haben, ob König Knut nun seine Versprechungen halten werde. In diese Zeit fiel unerwartet das Wunderzeichen der

---

[1] Vgl. K. Maurer a. a. O., I. Bd., S. 645, 647.

[2] Daß sich *Sigvatr* am Schlachttage nicht mehr bei Stiklastad befand, wird durch die Tatsache bekräftigt, daß König Olaf vor der Schlacht bittere Bemerkungen seiner Krieger anhören mußte darüber, daß der Dichter *Sigvatr* der Schlacht fernbleibe.

Finsternis. — Die S. F. 1030 August 31, ist demnach, entgegen der Meinung von HJORT (s. o.), nicht ganz ohne astronomischen Wert. Wenn die Mondtafeln die S. F. im Bistume Dronthjem total erscheinen lassen, ist der S. F. und den Umständen Genüge geschehen; zu einer Verbesserung unserer Tafeln kann man die S. F. allerdings nicht gebrauchen.

Die Rechnung nach meinen Elementen gibt für Dronthjem die Maximalphase = 12 Zoll, um $2^h\,48^m$ w. Zt., sie fällt also in die Mitte der Zeit, die (s. o.) hindurch die Verfinsterung dauerte (oder vielmehr dem Volke die Veränderung des Aussehens der Sonne auffällig wurde), zwischen midmunda und non. Die Zentralitätszone liegt folgendermaßen (s. Karte III):

	Nördl. Grenze		Südl. Grenze	
$t = 37°$	$\lambda = 6.93°$	$\phi = 65.85°$	$\lambda = 6.73°$	$\phi = 65.22°$
40	9.11	64.64	8.89	64.00
43	11.25	63.41	11.03	62.79
46	13.38	62.18	13.16	61.59
49	15.50	60.96	15.30	60.39
52	17.64	59.74	17.43	59.20
55	19.76	58.52	19.55	57.99

3. Ringförmige S. F. 1033 Juni 28, $23^h\,35.1^m$.

Für diese Finsternis habe ich (G. II 682—687) französische, deutsche, österreichische und italienische Quellen angeführt; jene von Dijon, Cluny, Fleury und Bèze tun dar, daß an diesen Orten die Erscheinungen beobachtet wurden, welche bei ringförmigen S. F. aufzutreten pflegen: das nicht gänzliche Verschwinden der Sonne, das merkwürdige Farbenspiel beim Eintritte der Zentralität. Für Limoges wird die Verfinsterung ausdrücklich als partiell beschrieben. — Durch die nachfolgenden Berichte wird die Beobachtungszone bis nach Armenien ausgedehnt:

a) ARISTAKES von LASTIWERD in seiner armenischen Geschichte (cap. IX, p. 29) nach DULAURIERS Übersetzung[1]: Au commencement du règne de Michel IV (le Paphlagonien) le soleil s'obscurcit, dans le mois d'Arats, un vendredi, au déclin du jour. C'était l'année 482 de notre ère. A cette vue, nombre de savants pensèrent que ce jour était celui de la naissance de l'Antéchrist ou le présage des plus grands malheurs. Ces malheurs

[1] *Recherches sur la Chronol. arménienne*, T. I, Paris 1859 [*Anthologie chronologique*, p. 287 f.].

arrivèrent effectivement de notre temps, à l'époque où nous conduit le fil de notre récit. Nous avons vu de nos propres yeux ces châtiments de la colère céleste, ces calamités effroyables qui sont tombées sur la nation arménienne. — Samuel von Ani setzt in seiner Chronographie[1] die S. F. auf 484 Arm. Ära.

b) Mathaeus von Edessa in seiner Geschichte Armeniens (cap. XLVIII) nach Dulauriers Übersetzung: En 485 le soleil s'obscurcit et offrit aux regards un aspect sinistre et menaçant, car de la manière qu'il avait voilé sa lumière au moment du crucifiement de Jésus-Christ, il se couvrit alors de ténèbres et se revêtit de deuil. Les astres s'enveloppèrent d'obscurité et les cieux se tendirent de noir comme d'une ceinture. Le soleil cessa de briller au milieu du jour, et les étoiles apparurent comme pendant la nuit. Les ténèbres devinrent si épaisses, que toutes les créatures se mirent à pousser des cris, dont retentissaient les montagnes et les collines.

Das armenische Jahr 482 (dieses läuft von 1033 März 13, bis 1034 März 12) und der Wochentag Freitag sind bei Aristakes richtig angegeben. Die Ansätze 484 resp. 485 bei Samuel von Ani und Mathaeus von Edessa sind entweder Irrtümer dieser Autoren oder Eigentümlichkeiten in der Jahreszählung der armenischen Volksära. Denn zwischen 482—485 (= 1033—1036) gab es keine andere für Armenien zentrale S. F. als die vom 29. Juni 1033. Der Monat *Araths* bei Aristakes ist nach dem armenischen Kirchenjahr (6. Monat Juni) gemeint[2] (nach bürgerlicher Zählung der Monat *Trê*). — Die Beobachtungen der S. F. sind auf das zentrale Armenien, wahrscheinlich auf die alte Hauptstadt Ani zu beziehen, welche später (1064) zerstört wurde. Aristakes bringt in seiner »Geschichte des Wartaped Aristakes von Lastiwerd« (von 989 bis 1071) meist Nachrichten über das innere Armenien und über die Stadt Ani. Samuel »der Priester« (um 1148) gehörte zur Kirche von Ani. Seine Weltchronik (bis 1178) berücksichtigt die armenischen Denkwürdigkeiten (sie ist auf Anordnung des Katholikos Gregorios geschrieben). Mathaeus von Edessa [oder Urha] (gest. 1144) nahm in seiner Geschichte Armeniens (von 952—1132) viele Nachrichten aus arabischem, griechischem und lateinischem Geschichtsmaterial[3].

---

[1] Migne, *Patrol. graec. et latin.*, vol. XII. 1857, c. 791—934.

[2] Vgl. Ginzel a. a. O., III 317.

[3] Näheres über diese Autoren bei C. F. Neumann, *Versuch einer Geschichte der armen. Literatur.* Leipz. 1836, S. 142 f., S. 163 f., S. 74.

Sollte Ani bestimmt der Beobachtungsort gewesen sein, so würde die Zentralitätszone der S. F. (s. unten) noch eine kleine nördliche Verschiebung vertragen; das Maximum für Ani finde ich 11.5 Zoll, um $3^h\ 30^m$ w. Zt. Auf eine solche kleine Verschiebung scheinen auch die oben erwähnten Berichte aus Dijon, Fleury, Bèze hinzudeuten, dagegen spricht nur Cluny. Zentralitätszone (Karte IV):

	Nördl. Grenze		Südl. Grenze	
t = 33°	λ = 29.74°	φ = 43.79°	λ = 29.70°	φ = 43.56°
36	31.76	43.26	31.71	43.02
39	33.79	42.70	33.73	42.44
42	35.82	42.08	35.77	41.81
45	37.88	41.40	37.82	41.12
48	39.95	40.69	39.88	40.39
51	42.03	39.92	41.96	39.60
54	44.14	39.10	44.05	38.76
57	46.27	38.24	46.18	37.88
60	48.42	37.33	48.33	36.95

4. Totale S. F. 1113 März 18, $17^h\ 59.6^m$.

Diese S. F., für die ich schon (G. II 693f.) den Mönch Fulcher und einige die Geschichte Palästinas streifende Chronisten zitiert habe, findet hier Erwähnung, da sie auch in Armenien bemerkt worden ist; ferner ist jetzt ein einwandfreier Nachweis für den Beobachtungsort Fulchers möglich. Fulcherus Carnotensis (d. i. von Chartres), geb. wahrscheinlich 1059, gest. 1127 oder 1128, war Kreuzfahrer und seit Oktober 1097 Kaplan des Grafen Balduin. Nach der Einnahme von Jerusalem war er dort ansässig, machte aber auch militärische Unternehmungen außer Landes mit; in den Jahren 1118—1127, und zur Zeit der S. F. war er sicher in Jerusalem. Wie die Art des Berichtes zeigt, hat er dort die S. F. selbst beobachtet. Es heißt in seiner *Historia Hierosolymitana*[1] (die er wahrscheinlich um 1101 zu schreiben anfing), daß im Monat März 1113 sich die Sonne früh bis zur ersten Stunde (etwa 7^h morgens) auf der einen Seite verfinstert habe und zwar vom oberen Rande nach unten; sie verlor nicht alles Licht, son-

[1] Neue Ausgabe v. Heinr. Hagenmeyer, *Fulcheri Carnotensis Historia Hierosolymitana* (1095—1127), mit Erläuterungen und einem Anhange herausgegeben. Heidelberg 1913, S. 564.

dern die Verminderung schien nach der Meinung des Beobachters den 4. Teil zu betragen[1] und die Sonnenscheibe schien ein wenig von gehörnter Form.

Der Armenier Samuel von Ani[2] merkt zum Jahre 562 Armenische Ära (1113) an: Eodem denique anno per sancti Paschatis quadragenarium jejunium quintae hebdomadae feria quarta, qua die sidera olim creata sunt, solis defectus fuit. — 1113 war Ostern = 6. April, der 4. Fastensonntag (3. Sonntag vor Ostern) = 16. März, also die 5. Fastenwoche = 16.—23. März; in diese fiel die S. F. Mittwoch = feria IV = März 19. — Zu den abendländischen Chronisten, welche die S. F. erwähnen, füge ich hinzu: *Alberti Milioli notarii Regini cronica imperatorum*: Zum Jahre 1113. Sol passus est eclipsin, et terremotus in Jerosolimitano regno in illo bis extitit anno[3]. — Die S. F. fiel in die Zeit, in der armenische Boten nach Jerusalem die Nachricht brachten, daß ein Überfall der Muslimen unter Maudud bevorstehe (März 1113)[4].

Die Maximalphase der S. F. 10.1 Zoll um $19^h 11^m$ w. Zt., entspricht den Angaben Fulchers. Für Armenien war die S. F. wenig auffällig, für Erzerum etwa 9.6 Zoll; nicht, wie Dulaurier[5] vermutet, total. Die Zentralitätszone läuft sehr südlich, über Ägypten, Nordarabien, Persien; nur ein Teil davon fällt in Karte IV:

	Nördl. Grenze		Südl. Grenze	
t = 284°	λ = 32.99°	φ = 22.64°	λ = 33.83°	φ = 20.14°
287	35.47	23.35	36.34	20.78
290	37.85	24.19	38.75	21.55
293	40.14	25.14	41.08	22.43
296	42.35	26.20	43.31	23.42
299	44.48	27.35	45.46	24.50
302	46.53	28.60	47.54	25.68
305	48.51	29.96	49.55	26.95
308	50.41	31.41	51.47	28.33

Fulcher hat auch die totale S. F. 1124 August 11, in Jerusalem selbst beobachtet; sie erschien, da ihre Zentralitätszone über Schweden-Norwegen

[1] In der Ausgabe von Guizot (*Collect. des Mémoires relat. à l'histoire de France*, T. XXIV, Paris 1825), p. 171, steht »der 5. Teil«.

[2] Migne, *Patrol. graec. et lat.*, vol. XIX., c. 735; vgl. Dulaurier, *Rech. s. la chronol. armén*, T. I, p. 306/7.

[3] *Mon. Germ. Hist. Scriptores* XXXI (1903), p. 633.

[4] R. Röhricht, *Geschichte d. Königreichs Jerusalem.* Innsbruck 1898, S. 100, A. 2.

[5] A. a. O., p. 373.

und Rußland lief, für Jerusalem nur partiell; »die Sonne in dunkelroter Farbe und im Aussehen zweigehörnt wie der Mond bei einer Finsternis«, sagt FULCHER[1]. Ich habe diese S. F. außerdem mit englischen, deutschen, polnischen und böhmischen Quellen belegt (G. II 694—696). Für Schweden-Norwegen habe ich keine historischen Nachweise der S. F. gefunden, sie ist daher in der gegenwärtigen Abhandlung nicht weiter verfolgt.

5. Totale S. F. 1131 März 30, 2^h 1.0^m.

Folgende isländische Annalen berichten über die S. F.:

Annales Reseniani[2]: 1131, Eclypsis solis facta est III. Kal. Aprilis (= 30. März) quasi ora. — *Henrik Hoyers Annaler*[3], 1131 Eclipsis solis 3. Kal. apl. — *Lögmanns-annall*[4]: 1132, Ecklipsis solis. — *Gottskalks-Annaler*[5]: 1131 eclipsis solis III. Kal. aprilis quasi hora. — *Flateyjarbok*[6]: ecliphsis solis.

Diese Quellen bedürfen einer Bemerkung, auch wegen der weiterhin noch zu erwähnenden isländischen S. F. Nr. 8, 9, 13, 14, 15 u. 17. Die isländischen Annalen sind in neuerer Zeit von NAT. BECKMAN kritisch untersucht worden[7]. Sie erweisen sich in ihren Aufzeichnungen etwa von 1104 an als selbständige Quellen. BECKMAN hat auch die ursprünglichen Annalen, aus denen spätere schöpften, von 1022—1176 wieder herzustellen gesucht. Wahrscheinlich stammen jene Urannalen aus dem Kirchspiele von Skalholt. »Zuweilen, und nicht gerade selten, zeigen sich manche isländischen Annalen besser unterrichtet als die dänischen.« Die hier aufgeführten S. F. sind ohne Ausnahme in Island beobachtet und dort annalistisch vermerkt worden. Als Beobachtungsorte gelten die Niederlassungen im südlichen Teile der Insel, namentlich Skalholt, Reykjavik. Die Lage der Zentralitäts-

---

[1] Ausg. HAGENMEYER, S. 746.

[2] G. STORM, *Islandske Annaler indtil 1578*, Christiania 1888, p. 20 [Nr. 21 der *Norske histor. Kildeskrift-fond*].

[3] Daselbst p. 59.

[4] Daselbst p. 252.

[5] Daselbst p. 320.

[6] *Flateyjarbok, en samling af norske konge-sagaer med indskudte mindre fortaellinger om begivenheder i og udenfor Norge, samt Annaler.* III. Bd. (1868), p. 513.

[7] *Quellen und Quellenwert der isländ. Annalen* (*Xenia Lideniana, Festskrift t. Prof. E. Liden*, Stockholm 1912]; vgl. *Annalstudier* [*Studier i nordisk filologi*, III. Bd., Nr. 4, Helsingfors 1911].

zone der S. F. 1131 März 30, ist in Karte I ersichtlich; für Skalholt trat die Max. Phase $11^1/_2$ Zoll in der ersten Stunde nach Mittag ($1^h 30^m$) ein.

	Nördl. Grenze		Südl. Grenze	
t = 10°	λ = 330.09°	φ = 65.36°	λ = 330.27°	φ = 61.96°
13	332.57	66.40	332.68	63.06
16	335.10	67.36	335.13	64.08
19	337.67	68.24	337.63	65.01
22	340.29	69.04	340.17	65.89
25	342.94	69.77	342.76	66.70
28	345.61	70.43	345.38	67.45

6. Totale S. F. 1133 August 2, $0^h 1.0^m$.

Diese S. F. ist die bedeutendste unter denen, welche im Abendlande während des Mittelalters stattgefunden haben. Ich habe sie mit 78 chronistischen Nachweisen aus England, Belgien, Niederlande, Deutschland, Österreich, Italien belegen können (G. II 697—705). Die folgende Nachricht zeigt, daß sie auch in Armenien gesehen worden ist:

Samuel von Ani (Chronographie[1]): 582 [Arm. Ära = 1133] solis defectus fuit die altera Augusti feria quarta (= Mittwoch) qui ab hora diei septima usque ad pomeridianam nonam perseveravit.

Für die Stadt Erzerum trat die Maximalphase ein um etwa $3^h 30^m$, d. i. in der neunten Tagesstunde, Größe etwa 9.2 Zoll. — Wie man aus der Lage der Zentralitätszone in Karte IV ersieht, war die S. F. in Palästina total. Dies wird bestätigt durch eine abendländische Meldung, nach welcher am Finsternistage ein Kampf zwischen den Christen und Muslimen stattgefunden hat, während dessen die S. F. eingetreten sei und die Christen vom Untergange befreit hätte: *Annales Rodenses*[2]. A. D. 1133 factae sunt tenebrae obscurato iam sole in toto orbe ..... 4. Non. Augusti (= 2. Aug.) .... hac enim die magnus ut ferebatur conflictus inter Turcos et Ierosolimitanos est factus, a mane diei utrisque usque meridiem conpugnantibus, et tunc convictus cessit et perisset penitus, ut dixerunt, noster exercitus, nisi quod praedictis incidentibus tenebris suos liberavit dominus Deus. — Für Palästina trat das Maximum der Totalität um 3^h nachmittags ein.

[1] Migne, *Patrolog. graec. et lat.*, vol. XIX., c. 739/740.

[2] *Mon. Germ. Hist. Script.* XVI (1859), p. 710; vgl. Röhricht, *Geschichte des Königreichs Jerusalem* 1898, S. 198, A. 3.

	Nördl. Grenze		Südl. Grenze	
t = 36°	λ = 28.47°	φ = 37.95°	λ = 27.61°	φ = 35.12°
39	30.24	36.30	29.37	33.50
42	32.01	34.64	31.15	31.86
45	33.81	32.96	32.95	30.21
48	35.64	31.28	34.78	28.57
51	37.51	29.59	36.65	26.92
54	39.40	27.92	38.57	25.28
57	41.31	26.25	40.53	23.63

7. Ringförmige S. F. 1147 Oktober 25, $22^h 44.8^m$.

Diese S. F. fällt in die Zeit des zweiten Kreuzzuges. Ein Teil des Heeres Konrad III. sollte Mitte Oktober 1147 von Nicaea mit einem griechischen Führer über Dorylaeum nach Iconium marschieren. Der Führer verschwand aber in der Nacht des 25. Oktober, und am nächsten Morgen, dicht vor Dorylaeum, wurde das Heer von überlegenen feindlichen Reiterscharen überfallen. Während des Kampfes erschreckte noch die Sonne, die »den Anblick eines halben Brotes« darbot, das Heer, und der anfängliche Widerstand verwandelte sich in eine vollkommene Niederlage der Deutschen. Hierüber berichtet ein Augenzeuge wie folgt:

Odonis de Diogilo de Ludovici VII Francorum regis cognomento junioris profectione in Orientem; lib. IV[1]: Illo die sol vidit scelus quod ferre non potuit, sed ne videretur illud aequare proditioni Dominicae, servivit mundo dimidius, et dimidius se abscondit. Cum igitur exercitus dimisso rege procederet, et solem in forma dimidii panis magna diei parte conspiceret, verebatur ne ille qui super alios fide lucebat, dilectione fervebat, spe superna tenebat, proditione Graecorum aliqua portione sui luminis privaretur. Sed aliud accidit aeque dolendum. Imperator enim Alemannorum a duce suo proditus, et in concavis montibus clam relictus, multis suorum jaculis Turcorum confossis millibus, retrocedere compulsus est sicut postea referemus. Quod postquam didicimus, quid significaret coeleste prodigium rectius exposuimus, dicentes nostrum regem et Alemannum unum esse solem, quoniam unius fidei lumine coruscabant; et hunc lucere dimidium, et dimidii

[1] MIGNE, *Patrol. latin.* vol. CLXXXV., 2. Teil, c. 1228; vgl. betr. d. Datums der S. F. c. 1245—46. — Siehe auch GUIZOT a. a. O., T. XXIV, Paris 1825, p. 336 s.; R. RÖHRICHT, *Beiträge z. Geschichte der Kreuzzüge*, 2. Bd, Berlin 1878, S. 70, 71.

circuli radios abscondisse, quando rege fervore solito tenente cursum, Alemanni retrocedebant.

Der Schreiber dieses Berichtes, Odo von Diogilo (d. i. Deuil bei Montmorency), gehörte zu den Geistlichen der Abtei St-Denis, wurde Sekretär und Kaplan des Königs Ludwig VII. und begleitete diesen auf dem Feldzuge nach dem Heiligen Lande; nach seiner Rückkehr wurde er 1151 Abt in Compiègne (gest. 1162)[1].

Zeit und Ort der Beobachtung sind völlig bestimmt: am Vormittag des 26. Okt. 1147, Dorylaeum. Ich finde aus den Elementen zu Nr. 7: Maxim. Phase 10.0 Zoll, $0^h\,47^m$ w. Zt.

Die S. F. war außerdem in Belgien total und in einigen Teilen Deutschlands sehr auffällig. Die Quellen dafür habe ich früher (G. II 710—712) angegeben. Ich füge noch folgende beiden hinzu:

Cronica pontificum et imperatorum Tiburtina[2], 1147, hoc anno obscuratus est sol VI. (r. 7.) kal. Novemb. — *Cronica apostolicorum et imperatorum Basileensia*[3]: 1147 .... obscuratus est sol.

Die Zentralitätszone findet man in Karte IV.

	Nördl. Grenze		Südl. Grenze	
t = 9°	λ = 27.22°	φ = 33.88°	λ = 26.83°	φ = 31.69°
12	28.79	32.30	28.39	30.15
15	30.35	30.76	29.92	28.66
18	31.88	29.30	31.43	27.24
21	33.41	27.93	32.96	25.91
24	34.96	26.67	34.48	24.65

8. Totale S. F. 1187 September 3, $23^h\,31.4^m$.

Diese S. F. habe ich (G. II 719—721) mit französischen, dänisch-schwedischen, deutschen, österreichischen und italienischen Quellen belegt. Durch die folgenden Nachweise wird die historische Beobachtung weiter für Island und Palästina sowie Armenien dargetan, wodurch die von mir s. Z. proponierte westliche Korrektion der Zentralitätszone bekräftigt wird.

---

[1] Näheres über Odon de Deuil s. *Histoire littéraire de la France* (herausg. v. d. Benediktiner-Kongregat. St-Maur), T. XII, Paris 1763, p. 614 f. Aug. Molinier, *Les sources de l'hist. de France*, pr. part II (1902) no. 2171.

[2] *Mon. Germ. Hist. Script.* XXXI (1903), p. 262.

[3] Daselbst, p. 292.

a) Palästina. — Während des 3. Kreuzzugs hatte Saladin den König Guido von Jerusalem in der Schlacht bei Hattîn (4. Juli 1187) total geschlagen und in schneller Folge Tiberias, Akkon, Sidon, Beirut (dieses am 6. August) und andere befestigte Plätze der Christen eingenommen. Nach der aufgegebenen Belagerung von Tyrus begann er am 23. August die Belagerung von Askalon. Während der Verhandlungen über die Kapitulation der letzteren Stadt, am 4. September, trat eine S. F. ein; die Abgesandten der Besatzung beeilten sich daraufhin, die Stadt am nächsten Tage (5. September) zu übergeben[1]. Die *Estoire de Eracles empereur et la conqueste de la terre d'outremer* berichtet darüber in den Ereignissen während des August und September 1187 (XXIII. Buch, 52. Kap.)[2]:

Le jor que Escalone fu rendue, vindrent cil de Jerusalem a Salahadin parler, que il lor avoit mandé por faire pais de la cité a eaus, se il peust. Celui jor . . . . vendredis, si se mua li solaus [= soleil] en droit l'ore [= entre heure] de none que il' sembla que il fust nuit. — Abu'l-Feda bestätigt[3] die Zeit der Kapitulation von Askalon, indem er sagt: On était alors à la fin du mois de *Djoumada* second (d. i. 28. *Djumad. II* 583 *Hedj*). — Der angegebene Tag der S. F., 4. September = Freitag, stimmt.

Für Askalon finde ich als Maxim. Phase 10.9 Zoll um 2^h 24^m w. Zt.; entsprechend der 9. Tagesstunde.

Die abendländischen Chronisten, von denen viele ein Interesse an den Vorgängen im Heiligen Lande hatten, berichten ebenfalls über die S. F. Zu diesen Quellen, welche ich a. a. O. schon angegeben, füge ich noch zwei italienische hinzu: *Annales Cremonenses* a. 1185—1189[4]: (1187) Et eodem tempore Saldinus cepit Yerusalem, et sol obscuratus est a tercia usque ad nonam (Zeit wie oben). — *Annal. Cremon. Supplem.*[5]: A. D. ab inc. MCLXXXVII die III Iulii Yhcrusalem civitas capta est a Saladino . . . . et sol obscuratus est a tercia usque ad nonam, et diu post nonam in eodem statu permansit.

b) Armenien. — Guiragos [Cyriakus][6], der Verfasser eines Abrisses der Geschichte Armeniens erzählt vom Feldzuge Saladins im Jahre 636

[1] R. Röhricht, *Beiträge z. Gesch. d. Kreuzzüge*, I. Bd. 1874, S. 134; *Geschichte d. Königr. Jerusal.* 1898, S. 449.

[2] *Recueil des Historiens des Croisades* [*Historiens occidentaux*, T. II Paris 1859, p. 79, 80].

[3] *Historiens orientaux*, T. I 1872, p. 57.

[4] *Mon. Germ. Hist. Script.* XXXI (1903), p. 7.

[5] Daselbst, p. 186.

[6] Vgl. Neumann a. a. O. 189.

Arm. Ära (= 1187) und bemerkt (nach Dulauriers Übersetzung[1]): Le soleil s'éclipsa pendant plusieurs heures. — Für die Stadt Erzerum war die Phase ebenso groß wie für Askalon: etwa 11 Zoll, um $2^h\ 44^m$.

	Nörd. Grenze		Südl. Grenze	
t = 320°	λ = 340.37°	φ = 72.18°	λ = 340.76°	φ = 69.67°
323	343.15	71.70	343.50	69.13
326	345.90	71.15	346.21	68.52
329	348.63	70.54	348.90	67.85
332	351.34	69.87	351.55	67.13
352	8.40	63.68	8.18	60.49
355	10.77	62.43	10.48	59.20
358	13.08	61.10	12.72	57.83
1	15.32	59.70	14.88	56.37
4	17.51	58.21	16.98	54.82
28	32.66	43.97	31.68	40.65
31	34.35	42.06	33.35	38.77
34	36.03	40.15	35.02	36.94
37	37.69	38.26	36.68	35.13
40	39.38	36.42	38.37	33.35

c) Island und Skandinavien. — Eine isländische Quelle, *Saga Gudmundar Byskups*[2], die aus Annalen zitiert, meldet: þa dro myrkr firi solena um daginn, sva at margir menn uvitrir aetluđu, at heimslit mundu verđa = Da (im Jahre des Verlustes von Jerusalem) zog eine Finsternis vor die Sonne, so daß unkluge Leute dachten, die Welt werde vergehen. — Das letztere ist eine öfters vorkommende Formel in Chroniken (namentlich Weltchroniken), die keineswegs auf Totalität einer S. F. gedeutet zu werden braucht, vielmehr nur im allgemeinen für die Auffälligkeit spricht[3]. Da aber die Zentralitätszone der obigen S. F. nahe nordöstlich von Island vorbeilief, war der Eindruck der Erscheinung im nördlichen Island bedeutend, für Holar die Maxim. Phase = 10.8 Zoll um $21^h\ 22^m$ w. Zt. — Für Schweden war die S. F. total, nach den Quellen im Gebiete von Lund bedeutend. Die jetzige Lage der Zentralitätszone nach meinen emp. Korr. berücksichtigt diese aus den von mir früher (G. II 719) angeführten Chro-

[1] *Rech. s. la chronolog. arm.* I, p. 326.
[2] *Biskupa sögur,* Köbenhaven I 1858, S. 432; vgl. N. Beckman, *Xenia*, p. 17.
[3] Über die Verwendung des Ausdruckes *myrkr* s. d. nächste S. F. 1194 Apr. 22.

nisten und aus einigen anderen nachträglich gefundenen Quellen[1] folgende Forderung.

Die Zentralitätszone gebe ich für Island — für welches sie außerhalb der Karte I fällt — für Schweden (Karte III) und für Vorderasien an (Karte IV). Siehe vorstehende Tabelle.

9. Totale S. F. 1194 April 22, $1^h\ 23.9^m$.

Über diese Finsternis berichtet die auch zu S. F. Nr. 8 angegebene isländische Quelle der *Biskupa sögur*[2]: myrkrit mikla firi gangdagenn eina. [= Große Finsternis war vor dem kleinen der gangdagr.] gang-dagr sind die Bitt- oder Rogationstage (litania maior des Frühmittelalters); *gangdagrinn eini*[3] ist der kleine Bittag = 25. April. Die S. F. fand 3 Tage vor dem kleinen Bittage, am 22. April statt. *myrkr* = Finsternis, und *myrkrit mikla* = große Finsternis werden für die den nordischen Klimaten eigentümlichen meteorologischen Lufttrübungen, der zweite Ausdruck aber auch für »Sonnenfinsternis« gebraucht[4]. Daß es sich hier um eine wirkliche S. F., um keine meteorologische Verfinsterung handelt, geht aus der das Datum treffenden Notiz der Annalen des *Flateyjarbok*[5] zum Jahre 1193 (recte 1194) hervor: myrkr X. Kal. Maii [= 22. April]; außerdem ist die S. F. in den *Skalholts-annal*, *Gottskalks-Annaler* und den *Ann. Regii* notiert. Die Zentralitätszone der S. F. berührte die Insel selbst nicht, sondern lief nahe nordwestlich davon über die nördlichsten Teile von Norwegen und Schweden; nur die Südgrenze der Zentralität fällt noch in die Karte I. Für Skalholt betrug die Maximalphase etwa 11.2 Zoll (um $0^h\ 41^m$).

	Südl. Grenze	
t = 4°	λ = 334.83°	φ = 66.29°
7	337.30	66.68
10	339.78	67.04
13	342.28	67.40

[1] *Annales Lundenses* (*Mon. Germ. H. Script.* XXIX [1892] p. 206). — *Ex chronica Danorum Sialandica* (daselbst p. 213). — *Annales Essenbecenses* (p. 225).

[2] A. a. O. I 441.

[3] R. Cleasby (and G. Vigfusson) *An icelandic-english Dictionary.* Oxford 1874; p. 191.

[4] Daselbst, unter »*myrkr*«.

[5] III. Bd., p. 520. — Das *Flateyjarbok* (sogenannt nach der Insel Flatey, auf der es gefunden wurde) ist auf Island gegen Ende des 14. Jahrh. geschrieben und schöpft aus Sagen, Liedern, Erzählungen und Annalen isländischen Ursprungs.

10. Ringförmige S. F. 1236 August 2, 23^h 28.5^m.

In isländischen Annalen vermerkt:

Lögmanns-annal[1]: 1236, Ecklipsis solis III.° N.° augusti [= 3. August] — *Gottskalks-annaler*[2]: 1236, eclipsis solis III nonas augusti. — Annalen des *Flateyjarbok*[3]: sub 1226 [recte 1236], myrkr vm midian dag. — Auch die letztere, in der Jahrangabe verfehlte oder entstellte Meldung »*myrkr* in der Mitte des Tags« hat auf die S. F. Beziehung, da die Max. Phase für das südliche Island am Vormittage des 3. August stattfand (Skalholt 10.6 Zoll, 21^h 2^m). Zentralitätszone s. Karte III.

	Nördl. Grenze		Südl. Grenze	
t = 346°	λ = 4.61°	φ = 68.65°	λ = 4.75°	φ = 65.78°
349	7.07	68.39	7.14	65.51
352	9.51	68.11	9.50	65.20
355	11.94	67.78	11.86	64.86
358	14.36	67.41	14.19	64.48
1	16.74	67.01	16.51	64.05
4	19.10	66.56	18.80	63.58
7	21.43	66.07	21.07	63.07

11. Totale S. F. 1239 Juni 2, 23^h 58.9^m.

Diese für die Prüfung der Mondtafeln wichtige S. F. ist 1875 von Celoria[4] mit einer größeren Anzahl historischer Quellen für Südfrankreich und Norditalien belegt worden. Obgleich die S. F. nicht in das geographische Programm der vorliegenden Abhandlung gehört, habe ich sie mitgenommen, da ein dalmatinischer Autor, den ich bei der F. Nr. 12 zitieren muß, die S. F. mit eigenem Auge gesehen hat, und weil ich noch einige wichtige Totalitätsnachweise für Italien beibringen möchte, welche Celoria noch nicht kennen konnte.

Der Archidiakon Thomas von Spalato (gest. 1268) schreibt unter den Ereignissen, die vor und während der Zeit des Erzbischofs Rogerius

---

[1] Storm, *Islandske Annaler*, p. 256.

[2] Daselbst, p. 327.

[3] III. Bd., p. 527.

[4] G. Celoria, *Sull' eclissi solare totale del 3. Giugno 1239* (*Pubblicazioni del Reale Osservatorio di Brera in Milano*, no. X, 1875).

(1249—1266) in Spalato und (dem ehemaligen) Salona vorfielen, folgendes[1]; per idem tempus, a. d. milles. CCXXXVIIII die tertio intrante mense iunio, facta est eclipsis solis mirabilis et terribilis, totus enim sol obscuratus est, et tota serenitas aëris obtenebrata est; et quasi noctis tempore stelle apparuerunt in celo, et quedam maior stella micabat iuxta solem ex occidentali parte. Tantusque pavor in omnes incubuerat, ut velut amentes huc illucque clamando discurrerent, mundi finem adesse putantes. Erat autem dies veneris luna tricesima. Et quamvis solis iste defectus per totam aparuisset Europam, in Asia tamen et Africa non dicebatur fuisse. (*Thomae archid. Spalat. Historia Salonitanorum pontificum atque Spalatensium a. s. Domino usque ad Rogerium,* cap. 33)[2]. — Die Wochentagangabe, Freitag, ist richtig; das Mondalter sollte, dem mittelalterlichen Gebrauch folgend, luna XXVIII sein, aber der Archidiakon Thomas gibt als aufgeklärter Mann, der sich bewußt ist, daß eine S. F. nur bei luna XXX oder luna I eintreten kann, richtig luna XXX an. Der »große Stern«, den er nahe der Sonne, westlich, bemerkte, war Venus (Position der Sonne AR = 78.83°, D = +23.07°, Venus AR = 76.82°, D = +23.15°)[3].

Für die Beobachtung der Totalität in Lucca, Reggio und Genua zitiere ich drei Augenzeugen: den Minoritenpriester Salimbene de Adam, Albertus Milioli und den Genuesen Bartholomaeus. Der erstere (1221 zu Parma geb.) trat 1238 in den Minoritenorden; im April 1239 kam er nach Lucca, welcher Ort ihm von dem Generalminister des Ordens als Aufenthalt zugewiesen war. Daselbst blieb er 2 Jahre; bald nach seiner Ankunft im Konvent sah er dort die S. F.[4]. — Milioli, einer Bürgerfamilie in Reggio angehörig, war Stadtschreiber und von 1265—1273 Notar, mit Verwaltungsgeschäften der Stadt Reggio betraut; der ältere Teil seiner Chronik ist städtischen Annalen entnommen[5]. — Bartholomaeus setzte die Annalen von Genua fort von 1225—1248.

---

[1] *Monumenta spectantia hist. Slavorum meridionalium,* edit. Acad. Scient. et Art. Slavor. meridion. — *Scriptores,* vol. III., Zagrabiae 1894, p. 121.

[2] Vgl. auch *Mon. Germ. Hist. Script.* XXIX, p. 584/85.

[3] Gerechnet mit P. V. Neugebauers *Tafeln f. Sonne, Planeten u. Mond,* Leipz. 1914. (*Tafeln z. Astron. Chronologie II*).

[4] O. Holder-Egger, *Zur Lebensgeschichte des Bruders Salimbene de Adam,* I. (*Neues Archiv d. Gesellsch. f. ältere deutsche Geschichtskunde.* 37 Bd. 1912, S. 165f); s. auch *Nachrichten d. G. d. W. Göttingen,* Phil. hist. Kl. 1901, S. 272f.

[5] Holder-Egger, Beitrag »*Salimbene u. Albert Milioli*« in dem Werke *Historische Aufsätze, Karl Zeumer zum 60. Geburtstag als Festgabe dargebr. v. Freunden u. Schülern,* Weimar 1910. — Derselbe, *Zur Doppelchronik von Reggio* (*Götting. Nachr.* a. a. O.).

Cronica fratris Salimbene de Adam ordin. Minor. p. 164[1]: Facta est solis eclipsis in qua sol orribiliter et terribiliter obscuratus fuit, et stelle apparuerunt, ut vidi oculis meis ego frater Salimbene de Parma, cum essem in civitate Lucensi, que est civitas Tuscie; et iam in ordine fratrum Minorum steteram per annum unum et tantum plus, quantum est a festo purificationis usque ad diem, qua sol obscuratus fuit in sexta feria [= Freitag] in hora nona, in mense Iunii, tertio die intrante; et videbatur quod esset nox obscura.... — Sol obscuratus est MCCXXXIX in sexta feria, in hora none, mense Iunii, tertio die intrante (p. 44; vgl. auch p. 159, 183 und 583).

Alberti Milioli notarii Regini liber de temporibus et aetatibus et cronica imperatorum[2]: Zu 1239. Et in hora none obscuratus est sol, et stelle apparuerunt mense Iunii tercio die intrante, et videbatur, quod esset nox obscura.

Bartholomaei Scribae Annales[3]: A. D. 1239, indict. 11 [d. h. Genuesische Indiktion[4]] eodem anno die Veneris tercio mensis Iunii intrantis parum post meridiem, cum tempus esset serenum et clarum, obscuratus est sol, et facta est nox per spatium cuiusdam temporis, et non erat aliquis qui recordaretur aliquo tempore consimile quid vidisse, nec tantam obscuritatem in die, nec etiam que tanto tempore perduraret. Unde quam plurimi stupefacti fuerunt et conterriti de visione tam mira.

Annales Bergomates[5]: an. MCCXXXVIIII. Die IIIe intrante Iunio hora nona sol obscuratus est, nulla nebula ipsum obtenebrante, et ita diu stetit caliginosus.....

Die Zeit der Totalität war für Genua die erste Stunde nach Mittag = hora VII, für Reggio, Lucca und Bergamo (in letzterer Stadt war die Phase nicht total, sondern 11.4 Zoll) ebenfalls in hora VII [die Quellen geben hora IX, also Verschiebung der Nona[6]], für Spalato hora VIII (um $1^{h}\ 48^{m}$).

Die Zentralitätszone (nur der für Spalato in Betracht kommende Teil ist auf Karte II ersichtlich) verläuft wie folgt:

---

[1] *Mon. Germ. Hist. Script.* XXXII (1905—13).

[2] Daselbst XXX, p. 513.

[3] Daselbst XVIII (1863), p. 190;. Cafaro (1080—1166) hat diese Annalen begründet, sie wurden im Auftrage der Stadt Genua bis 1294 weitergeführt.

[4] s. Ginzel, *Handb. d. m. u. t. Chronol.*, III. Bd., S. 154.

[5] *Mon. Germ. Hist. Script.* XXXI (1903), p. 334.

[6] Ginzel a. a. O. III, S. 93.

	Nördl. Grenze		Südl. Grenze	
t = 12°	λ = 7.02°	φ = 44.64°	λ = 7.05°	φ = 42.22°
15	9.09	44.84	9.08	42.41
18	11.17	44.97	11.12	42.57
21	13.27	45.06	13.18	42.67
24	15.37	45.11	15.25	42.73
27	17.49	45.10	17.34	42.73
30	19.64	45.04	19.45	42.67

12. Totale S. F. 1241 Oktober 6, 0^h 12.4^m.

G. Celoria hat[1] zahlreiche historische Belege für diese Finsternis, die für die Prüfung der Mondtafeln ebenso wichtig ist wie Nr. 11, angegeben, und ich habe (G. II 730—732) diese Nachweise noch für England, Deutschland, Böhmen, Dänemark und Dalmatien vermehrt. Durch den folgenden Bericht wird die Beobachtung der Totalität bis nach Ägypten ausgedehnt.

Der Bericht ist in einem Werke enthalten, in welchem man Nachrichten über S. F. am allerwenigsten erwarten darf, nämlich in einem von Wüstenfeld herausgegebenen koptischen Heiligenkalender[2]. Derselbe enthält für jeden Tag der koptischen Monate den Namen des Heiligen, dessen Gedächtnistag kirchlich von der koptischen Gemeinde gefeiert wird, sowie seine Legende (Leben, Taten und Martyrium). Ganz unvermittelt erscheint am Gedächtnistage des heil. Liberius, am 9. d. Monats *Babeh*, folgende Notiz[3]:

»An demselben Tage im Jahre 958 der Märtyrer unter der Regierung des Malik el-Salih Ajjub und unter der Herrschaft des Patriarchen Cyrillus ereignete sich in der Welt etwas Seltenes und Wunderbares, was alle, die es sahen und davon hörten, in Staunen setzte, nämlich, daß die Sonne sich nach und nach verfinsterte, bis vollständige Dunkelheit wie bei Nacht eintrat; man konnte einige Sterne sehen; manche steckten die Lichter an, und die Leute fürchteten sich sehr, riefen Gott von ganzem Herzen um Hilfe an, baten um sein Erbarmen und suchten ihn durch Gelübde zum Mitleid zu bewegen. Da ward Gott ihnen gnädig, erbarmte sich ihrer

[1] *Sugli eclissi solari totali del 3. Giugno 1239 e del 6. Ottobre 1241* (*Pubblicazioni del Reale Osservat. di Brera in Milano*, Nr. XI 1876).

[2] F. Wüstenfeld, *Synaxarium, d. i. Heiligenkalender der koptischen Christen*, aus dem Arabischen übersetzt. Gotha 1879. 2 Teile.

[3] II. Teil, S. 62.

und machte ihrer Furcht ein Ende; die Finsternis hörte auf, nicht nach und nach, wie sie entstanden war, sondern mit einem Male, ... Die Dauer, während welcher die Sonne verfinstert war, betrug eine Stunde, und zwar von halb acht bis halb neun .... Dies geschah am 29. des Monats *Rebi I* im Jahre 639 *Hidschra*«. — Die in neuerer Zeit von R. Basset gegebene Übersetzung des Synaxariums[1] enthält dieselbe Stelle, dem Sinne nach konform, in französischer Sprache.

Die Umsetzung des Datums 9. *Babeh* 958 Aer. Diocl. gibt 1241, Oktober 6; hiermit stimmt auch das am Schlusse angesetzte arabische Datum 29. *Rebi I* 639 *H.* Der Sultan Malik el-Sâlih Nedschm el-Dîn Ejjub regierte[2] vom 12. Mai 1240 bis 27. November 1249. Die Regierungszeit des Patriarchen Kyrillos III. wird durch Makrizis *Geschichte der Kopten*[3] wie folgt bestimmt: Einsetzungstag Sonntag, 29. *Ramadân* 632 *H.*, Sterbetag Dienstag, 17. *Ramadân* 640 *H.* [= 17. Juni 1235 bis 10. März 1243]. Die in der obigen Stelle angeführten Zeitumstände passen also ganz zu der Finsternisdatierung.

Der Beobachtungsort könnte nach dem Platze bestimmt werden, von dem das Synaxarium stammt. Als Verfasser des letzteren werden genannt Amba Michael, Bischof von Atrib und Malidsch »und andere Väter«. Athribis (Atrib), eine ehemals bedeutende Stadt, lag im Nomos des Nildelta, östlich der Stelle, wo sich der pelusische und phatenetische Nilarm trennen. Die sonstigen koptischen Kirchengemeinden waren meist im Nildelta zerstreut. Wahrscheinlicher aber ist, daß die Handschrift, welche den Sonnenfinsternisbericht enthält, aus Kairo stammt. Der Bericht ist nämlich in das ursprüngliche Synaxarium interpoliert, offenbar unter dem örtlichen Eindrucke der Finsterniserscheinung, denn er fehlt bei Ludolf, *Commentarius ad historiam Aethiopicam* (Francofurte 1691 p. 389—436) und in der Handschrift Nr. 4869/70 der Pariser Nationalbibliothek. Die Interpolation konnte nur mit Zustimmung des Patriarchen vorgenommen werden,

---

[1] *Le Synaxaire arabe jacobite*, Texte arabe publié, traduit et annoté. (*Patrologia orientalis*, edit. R. Graffin et F. Nau, T. I, Paris 1907, p. 326 f.).

[2] L. De Mas-Latrie, *Trésor de chronologie*, Paris 1889, col. 1828.

[3] Übersetzung v. Wüstenfeld, Göttingen 1845, S. 70; ebenso A. v. Gutschmid, *Verzeichnis der Patriarchen v. Alexandrien* (*Kleine Schriften*, herausg. v. F. Rühl, II. Bd. 1890, S. 514).

vielleicht ist sie direkt von ihm veranlaßt worden. Die koptischen Patriarchen hatten aber seit 1077 (CHRISTODULOS) ihre Residenz in Misra, dem alten Kairo; dort sind nach MAKRIZI viele Patriarchen in der Kirche Al mo'allaca gewählt worden, viele sind auch in Kairo gestorben. Der Beobachtungsort der S. F. ist demnach Kairo oder Atrib, oder eine der Kirchengemeinden des Nildelta, jedenfalls ist die geographische Grenze der Beobachtung auf das Nildelta beschränkt[1].

Der bei der S. F. Nr. 11 erwähnte Archidiakon THOMAS in Spalato hat auch die S. F. 1241 Oktober 6 dortselbst als total beobachtet: a. a. O. Eo autem tempore anno videlicet incarn. millesimo CCXLI, sexto die intrante octobri, die dominica, iterum factus est solis defectus, totusque aër obscuratus est; fuitque (h)orror magnus in omnibus, velud in ea eclipsi, que facta est tertio anno precedente, ut supra tetigimus[2]. — Die Wochentagangabe, Sonntag, stimmt.

Für Kairo trat die Maximalphase um etwa $3^h\ 8^m$ w. Zt. ein, d. h. nach koptischer Rechnung, Tagesstundenzählung von Sonnenaufgang ($18^h\ 15^m$), zwischen 8 und 9^h.

	Nördl. Grenze		Südl. Grenze	
$t = 19°$	$\lambda = 15.28°$	$\phi = 46.37°$	$\lambda = 14.49°$	$\phi = 43.62°$
22	16.98	45.27	16.16	41.68
25	18.69	43.31	17.84	39.83
28	20.40	41.44	19.53	38.08
31	22.11	39.68	21.22	36.41
34	23.83	38.01	22.93	34.83
37	25.57	36.45	24.65	33.35
40	27.33	34.99	26.41	31.97
43	29.13	33.64	28.22	30.70
46	30.98	32.41	30.07	29.53
49	32.88	31.28	31.98	28.49
52	34.84	30.27	33.96	27.56
55	36.87	29.39	36.00	26.74
58	38.98	28.62	38.12	26.03

[1] Wie ich nachträglich bemerkte, ist auch A. C. D. CROMMELIN (*Journ. of the Brit. Astron. Assoc.* 17. Bd., p. 165) durch A. J. BUTLER auf die S. F. aufmerksam geworden, jedoch nur durch die oben erwähnte französische Übersetzung von BASSET. Den Beobachtungsort konnte er nicht sicher nachweisen, da ihm die Kenntnis von WÜSTENFELDS Arbeiten fehlte, welche die Behelfe dazu darbieten.

[2] A. a. O. vol. III, 1894, S. 139; vgl. *Mon. Germ. Hist. Script.* XXIX, p. 585.

Die S. F. war auch, wie oben bemerkt, nach meinen früheren Quellenzitaten in Dänemark auffällig, wenn auch selbstverständlich nicht total. Ich füge hierüber noch zwei Zeugnisse aus der Diözese Lund und aus Jütland hinzu: 1241 .... et eclipsis solis eodem anno fuit (*Annales Lundenses*)[1]. — 1241. Eclipsis solis fuit 2. non. Oct. (*Annales Essenbecenses*)[2].

Die Lage der Zentralitätszone ist aus Karte IV und, soweit sie Spalato betrifft, aus Karte II ersichtlich (siehe vorstehende Tabelle).

13. Ringförmige S. F. 1263 August 5, $1^h\ 52.8^m$.

Die Zentralitätszone dieser Finsternis lief nordöstlich von Island, über Dänemark, Schweden, Polen, Österreich und ist von mir (G. II 734—736) mit englischen, deutschen, skandinavischen, polnischen, österreichischen und italienischen Quellen belegt. Auf Island war die S. F. nicht auffällig, konnte aber gut wahrgenommen werden. Ein Teil der isländischen Annalen gibt für 1262 und für 1263 Verfinsterung an, und es bleibt unsicher, ob nicht beide Notizen für die S. F. 1263 Aug. 5, gelten sollen:

Annales regii[3]: Zu 1262. Myrkr mikil sva at fal sol (= große Finsternis an der Sonne). 1263, eclipsis solis Non. Augusti [5. August]. — Die erstere Notiz ebenso in den Annalen *Flateyjarbok*[4]. — *Skalholts-Annaler*[5]: 1262, ok fylgđi myrkr mikit sva at fal sol (= auch folgte große Finsternis an der Sonne). 1263, eclipsis solis Nonas augusti, luna XXVII. — *Lögmanns-annall*[6]: 1263, ecklipsis solis adr vm sumarit I Biorguin M°. augusti (= Sonnenfinsternis im Sommer [am Feste] Jungfr. Mariä [Maria ad nives? = 5. Aug.]).

Zu den skandinavischen Quellen setze ich noch das Zeugnis von Essenbek (dort die S. F. sehr auffällig) hinzu: 1263, eclipsis solis fuit pridie Non. Augusti. (*Annales Essenbecenses*[7]).

Die Zone der S. F. findet man auf Karte III.

---

1 *Mon. Germ. Hist. Script.* XXIX, p. 208.
2 Daselbst p. 226.
3 Storm, *Islandske Annaler*, p. 134/35.
4 III. Bd. (1868), p. 534.
5 Storm, a. a. O., p. 193.
6 Daselbst, p. 258.
7 *Mon. Germ. Hist. Script.* XXIX, p. 227.

	Nördl. Grenze		Südl. Grenze	
t = 30°	λ = 5.06°	φ = 68.22°	λ = 3.60°	φ = 63.89°
33	7.06	66.55	5.53	62.26
36	8.99	64.80	7.40	60.54
39	10.85	62.97	9.20	58.75
42	12.63	61.05	10.95	56.91
45	14.37	59.08	12.68	55.02
48	16.07	57.05	14.36	53.07
51	17.72	54.98	15.99	51.07

14. Totale S. F. 1312 Juli 4, 20^h 18.9^m.

Die Sichtbarkeit dieser S. F. war nur auf Island beschränkt, da die Zentralitätszone im hohen Norden verlief.

Skalholts-Annaler[1]: 1311 (r. 1312), eclipsis solis III. N°. julij, Luna XXVIII [= 5. Juli] quasi hora prima. — *Oddveria-Annall*[2]: 1312, Solar brestur j martio manudi, suo mikid myrkr j austfiordum ad menn sae ey vegu ai landi ne ai sio [= Sonne finster im März, so große Finsternis, daß die Leute weder zu Wasser noch zu Lande die Wege fanden]. — Auch die zweitgenannten Annalen stammen sicher aus Island. Da der März angegeben wird, so handelt es sich wahrscheinlich in der letzteren Quelle um eine meteorologische Verfinsterung, und nicht um die S. F. vom 5. Juli. Für Skalholt fiel die Max. Phase kurz vor 6^h morgens = hora prima.

Zentralitätszone auf Karte I.

	Nördl. Grenze		Südl. Grenze	
t = 262°	λ = 334.66°	φ = 61.29°	λ = 335.06°	φ = 60.32°
265	337.22	62.52	337.63	61.52
268	339.77	63.69	340.19	62.66
271	342.32	64.78	342.75	63.74
274	344.84	65.82	345.28	64.76
277	347.35	66.81	347.81	65.71
280	349.86	67.73	350.32	66.62
283	352.38	68.60	352.85	67.48

[1] Storm, a. a. O., p. 203.

[2] Daselbst, p. 488.

15. Totale S. F. 1330 Juli 16, $3^h 27.1^m$.

Die Zone lief über Island, südlich von Schweden, über Deutschland, Österreich, Ungarn und Byzanz. Ich habe dafür (G. II 744—746) Quellen aus Böhmen, Preußen, Italien, Dalmatien und Byzanz angeführt.

Von den folgenden isländischen Quellen für die S. F., die an allen Orten Südislands total war, sind einige authentisch, wie das Bruchstück aus den Skalholts-annaler, das im Kloster Mödruvellir geschrieben wurde, und Lögmanns-annall, welches von dem Diakon Einar Haflidason 1330 in Holar verfaßt ist.

Annales regii[1]: 1330, myrkr sva mikit um sumar at m̅ sa eigi at sla, en myrkt naer i husum mz ollu. (= Finsternis so groß im Sommer, daß die Leute die Heuernte nicht verrichten konnten, und in den Häusern beinahe vollständige Finsternis). — *Skalholts-Annaler*[2]: a. d. m° CCC° XXX° eclipsis solis XVII. Kl. augusti (= 16. Juli), hora nona, luna XXVII [r. 28]. — Bruchstück derselben Annalen[3]: 1330, vard eclifsis solis. — *Lögmanns-annall*[4]: 1330, vard ecclipsis solis vida vm Island. — *Gottskalks-Annaler*[5]: 1330, eclipsis solis XIV (r. 17.) kal. augusti luna XXVIII of halfa eykt, eclipsis lunae II nott jola XIIII natta [= 2. Nacht der 14 Julnächte].

Der Ausdruck halfa eykt[6] in der letztgenannten Quelle bedeutet etwa »halb drei« Uhr, und es ist nona (3^h) nahe identisch mit »eykt«. Damit stimmt die Zeit der Max. Phase für Skalholt, die nach 2^h, in der 8. Tagesstunde eintrat. — Die in Gottskalks Annalen genannte Mondfinsternis war am 26. Dezember und in Island überall sichtbar (total; 1. Jultag = 25. Dezbr.)[7].

Von der nachfolgenden Zentralitätszone erscheint nur der Teil für Island in Karte I; der zweite für Schweden fällt schon außerhalb des Bereichs der Karte III.

---

[1] Storm, a. a. O., p. 154.

[2] Daselbst, p. 206.

[3] Daselbst, p. 220.

[4] Daselbst, p. 268.

[5] Daselbst, p. 347.

[6] Siehe R. Cleasby, a. a. O., p. 135 unter »eykt«; im allgemeinen bezeichnet eykt eine Zeit von 3 Stunden; s. auch Geelmuyden im *Arkiv för Nordisk Filologi*, III. Bd., p. 126f.

[7] Über jola-nott = Julnächte s. R. Cleasby, a. a. O., p. 326.

	Nördl. Grenze		Südl. Grenze	
t = 22°	λ = 331.72°	φ = 65.83°	λ = 331.55°	φ = 65.03°
25	334.08	65.33	333.90	64.53
28	336.44	64.80	336.24	63.99
31	338.78	64.23	338.56	63.40
34	341.09	63.60	340.86	62.77
37	343.39	62.93	343.15	62.10
40	345.69	62.21	345.42	61.38
61	1.42	55.88	1.12	55.11
64	3.66	54.80	3.38	54.05
67	5.91	53.68	5.63	52.95
70	8.17	52.51	7.91	51.81
73	10.48	51.32	10.21	50.65
76	12.80	50.10	12.54	49.46
79	15.14	48.85	14.91	48.24

16. Ringförmige S. F. 1337 März 2, 20h 40.5m.

In der Ausgabe von *Eustathii metropolitae Thessalonicensis opuscula, accedunt Trapezuntinae historiae scriptores Panaretus et Eugenicus* edit. Th. L. Fried. Tafel, Francof. ad. M. 1832 ist als Anhang, p. 362—370 die trapezuntische Chronik des Michael Panaretos (*περὶ τῶν τῆς Τραπεζοῦντος βασιλέων, τῶν μεγάλων Κομνηνῶν, ὅπωρ καὶ πότε καὶ πόσον ἕκαστος ἐβασίλευσεν*) beigegeben. Sie gibt die hauptsächlichsten Ereignisse an, die in dem 1204 von Alexios Komnenos gegründeten Kaisertum Trapezunt von 1204 bis 1426 vorfielen. Panaretos war aus Trapezunt, lebte dort in der ersten Hälfte des 15. Jahrh. und benutzt in seiner Chronik meist einheimische Nachrichten; er hatte das Amt eines Hofchronisten.

Unter der Aufzählung von Ereignissen, die sich, wie es scheint, alle auf die Regierung Basilios Komn. (Kaiser seit 1332) beziehen, findet sich folgende Stelle[1]: *Μηνὶ Μαρτίῳ, ἡμέρᾳ β΄, τῆς ἀρχινηστίμου τῆς ἁγίας Μαρίασ. ἐγένετο ἔκλειψις τοῦ ἡλίου ἀπὸ ὥρας δ΄ ἕως ὥρας ζ΄. καὶ ἐτάραχθη τὸ κοινὸν κατὰ τοῦ βασιλέως. ὥστε καὶ ἔξωθεν τοῦ κουλᾶ συναχθέντες, λίθους ἔσυραν εἰς αὐτόν.* Nach J. Ph. Fallmerayer, der die Chronik ebenfalls herausgegeben und mit Erklärungen versehen hat[2], ist die obige Stelle etwa wie folgt zu verstehen: »Im Monat

[1] p. 363.

[2] *Originalfragmente, Chroniken, Inschriften u. anderes Material zur Geschichte d. Kaisertums Trapezunt,* 2. Abteilung, *Abhandlungen d. Kgl. Bayrischen Akad. d. Wiss.* Historische Klasse, 4. Bd. (1844—1846), S. 17f. und 46. — Auf diese S. F. hat mich Herr Prof. F. Boll (Heidelberg) aufmerksam gemacht.

März am 2. Tage der großen heil. 40tägigen Fasten entstand eine Sonnenfinsternis von der 4. bis 7. Stunde, und es geriet die Menge in Aufruhr gegen den Kaiser, so daß sie sogar außerhalb des Kastells sich zusammenrottete und Steine gegen ihn schleppte.« — Das Jahr, in welchem die S. F. für Trapezunt eingetreten sein soll (denn nur von einem trapezuntischen Ereignisse kann die Rede sein), ergibt sich aus 2 mit Datierungen versehenen Stellen, von denen die eine dem obigen Finsternisberichte vorangeht, und die andere auf ihn folgt. Die unmittelbar vorhergehende Notiz lautet: *κατὰ δὲ νὸν ετοῦ Ἰουλίου μενός ἡμέρα ϛ', ἔτους, ϛωμδ'* [6844 Byz. Är. = 1336 n. Chr. 6. Juli]. — Die nach dem Finsternisbericht stehende heißt: *ἔτους, ϛωμε' μηνὸς Ὀκτωβρίου* [Tag ἐ?] *ἰνδικτίωνος ζ'* [6845 Byz. Är. = 1336 n. Chr. 5. Oktober; die Indiktion sollte V sein]. Die weiterhin folgenden Notizen sprechen schon von den Jahren 1338 u. f. Demnach kann es sich nur um eine S. F. im Jahre 1336 oder 1337 handeln. Ostern fiel 1336 auf den 31. März, 1337 auf den 20. April. Die griechischen Osterfasten beginnen mit dem Montag nach Fleischsonntag (d. i. 8. Sonntag vor Ostern)[1]. Danach war der im Text angegebene 2. Tag der Fasten im Jahre 1336 der 6. Februar, im Jahre 1337 der 25. Februar. Damit stimmt die Angabe des Chronisten »Monat März« nicht überein. Oppolzers Kanon zeigt, daß für Trapezunt in den beiden Jahren nur die S. F. 1337 März 3, in Betracht kommen kann. Dieser 3. März ist ein Montag. Es ist also der 2. Wochentag gemeint und die Zeitangabe der zitierten Stelle so zu verstehen: »Im Monat März an einem Montag (oder 2. Wochentage) in der Fastenzeit.«

Das Maximum der S. F. 1337 März 2, finde ich für Trapezunt 10.9 Zoll, um $23^h\ 32^m$ w. Zt., entsprechend etwa der 5. bis 6. Tagesstunde, übereinstimmend mit dem Chronisten (zwischen der 4. bis 7. Stunde).

Der byzantinische Historiograph Nikephoros Gregoras (geb. 1295, gest. um 1359) schreibt in seiner »Römischen Geschichte«, welche die Zeit von 1204 bis 1359 umfaßt, bei der Erwähnung der unter dem Kaiser Andronikos III. (dem Jüngeren) stattgefundenen Kämpfe mit den Türken[2]: eam cladem solis et lunae defectus, intra dies sedecim esse consecuti, portenderunt; ac lunaris quidem contigit, cum sol in prima Piscium parte esset; solaris, cum in decimaquinta versaretur.

---

[1] Siehe Ginzel a. a. O., III. Bd., S. 313.

[2] *Lib. XI c. 3,* nach der lateinischen Version der Pariser Ausgabe 1702.

Die Sonne trat 1337 (Andronikos regierte bis 1341) am 10. Februar in das Zeichen der Fische; die Mondfinsternis trat ein am 15. Februar $13^h\ 1^m$ Byz. Zt., Größe 4.5 Zoll, sie war in Byzanz sichtbar. Auch die 16 Tage später folgende S. F. von Trapezunt konnte zu Byzanz noch bemerkt werden, da sie dort 9.3 Zoll betrug. Nikephoros Gregoras, der in Byzanz lebte und dort schrieb (er galt als großer Gelehrter und erfuhr unter den Kaisern wechselnde Gunst), hat wahrscheinlich, da er sich für Astronomie interessierte, beide Finsternisse selbst bemerkt.

Die Zentralitätszone der S. F. verläuft wie folgt (Karte IV):

	Nördl. Grenze		Südl. Grenze	
t = 336°	λ = 31.97°	φ = 28.61°	λ = 32.61°	φ = 26.42°
339	33.40	30.35	34.02	28.12
342	34.83	32.13	35.44	29.87
345	36.29	33.93	36.88	31.65
348	37.78	35.74	38.34	33.44
351	39.31	37.57	39.84	35.24
354	40.88	39.40	41.37	37.04
357	42.50	41.23	42.93	38.85

17. Ringförmig-totale S. F. 1339 Juli 7, $1^h\ 36.4^m$.

Diese für Schottland und Deutschland auffällig gewesene S. F. (s. G. II 747/48) war für Island höchst bedeutend, wie aus den folgenden Quellen hervorgeht:

Skalholts-Annaler[1]. 1339. Eclipsis solis No. julii hora sexta, luna XXVIII. Sa stiornu a himni vm middegis skeid (= man sah Sterne [oder den Stern] am Himmel zur Mittagszeit). — *Lögmanns-annall*[2]. 1339 .... vard eclipsis solis vm allt Island [= ganz Island] nesta dagh fyrir Selia manna voku [d. h. Seljumanna messa 8. Juli[3]]. — *Gottskalks-Annaler*[4]. 1339 ... eclipsis solis in festo Thome [gemeint ist das Datum der Translation Episc. Thomas v. Cantuarien, 7. Juli[5]] luna XXVIII, sa leingi a himne vm hadeigi

[1] Storm a. a. O., p. 208.

[2] Daselbst p. 272.

[3] Siehe Grotefend, *Zeitr. d. Deutsch. Mittelalt.*, I. Bd. Glossar, S. 175, II. Bd. Heiligenverzeichnis, S. 166.

[4] Storm a. a. O., p. 351.

[5] Siehe Grotefend a. a. O., II. Bd. Heiligenverz., p. 176.

dags. þann sama dag syndis ollum monnum j Steinum sudr undir Eyia fiollum allt þat alblodvgt, er fyrir augu bar uti. þar til er menn foru at sofa. þessi syn likt bar fyrir sira Suein þordar son og Magnus Steinmods son þann sama aptan a Kolbeinsstodum j Flissuhuerfi. syndis þeim og blodugt allt j husinu er þeir satu j [= Finsternis so lange (oder man sah sie lange) am hohen Tage. Denselben Tag kam den Leuten in Steinar alles südlich unter den Eyafelsen blutig vor, was ihnen im Freien vor die Augen kam. Auch zeigte sich Ähnliches dem S. Thordar und M. Steinmod denselben Abend zu Kolbeinsstad in Flissuherf; diesen schien alles blutig im Hause, wo sie sich aufhielten]. — *Flatöbogens Annaler*[1]. 1339, eclipsis solis in translatione Thome archiepiscopi, saazst stiorna a himni vm hadegis skeid (ebenso die Annalen des *Flateyjarbok*)[2]. — *Annales regii*[3]. 1339. Ecclypsis solis.

Die Datierung Non. Julii (= 7. Juli) luna XXVIII, hora sexta (um Mittag) der Skalholt-Annalen ist richtig. Wie man aus Karte I ersieht, lag Reykjiavik in der schmalen Zentralitätszone, Skalholt nahe daran. Für letzteren Ort finde ich die Max.-Phase über 11.8 Zoll, um $0^h\ 2^m$ w. Zt. Die Möglichkeit, daß bei dieser Phase irgendein heller Stern hervortreten konnte, ist nicht ganz ausgeschlossen; die Lage der Zone kann aber vielleicht noch eine kleine Korrektion erfordern.

	Nördl. Grenze		Südl. Grenze	
$t = 352°$	$\lambda = 333.73°$	$\phi = 64.89°$	$\lambda = 333.73°$	$\phi = 64.82°$
355	336.11	64.51	336.11	64.43
358	338.47	64.08	338.47	64.01
1	340.81	63.62	340.79	63.53
4	343.12	63.10	343.10	63.00
7	345.41	62.53	345.39	62.43
10	347.68	61.92	347.65	61.81

18. Totale S. F. 1361 Mai 4, $20^h\ 48.9^m$.

In der unter Nr. 16 zitierten Chronik des Trapezuntiers Panaretos (c. 29) findet sich zum Jahre 6869 Byz. Ä. (1361) folgende Stelle[4]:

[1] Storm a. a. O., p. 400.
[2] III. Bd., p. 558.
[3] Storm a. a. O., p. 155.
[4] Fr. Tafel a. a. O., p. 366; Fallmerayer, S. 28 u. 57.

Μηνὶ Μαΐῳ ε', ἡμέρᾳ β', ἰνδικτίωνος ιδ' [Byz. Ind. XIV], τοῦ ϛωξθ' [6869] ἔτους, ἐγένετο ἔκλειψις τοῦ ἡλίου, οἵα οὐκ ἐγένετο ἐν τῇ καθ' ἡμᾶς γενεᾷ ὥστε ἐφάνησαν καὶ ἀστέρες ἐν τῷ οὐρανῷ καὶ ἐκράτησεν ὥρας α' ρ'' (?)

[= Montags, am 5. Mai, Indiktion XIV, im Jahre 6869 [1361] war eine Sonnenfinsternis, dergleichen seit Menschengedenken nicht gewesen ist; es erschienen Sterne am Himmel, und sie dauerte eine Stunde und (?) Minuten.] — Der Chronist fügt noch hinzu: »Der Kaiser Alexios und seine Mutter Irene und einige aus den Archonten und ich befanden uns zufällig im Kloster Sumelas unweit von Matzuka, wir beteten viel und riefen die Panagia an.«

Die S. F. fiel auf den Vormittag des 5. Mai 1361. Für Trapezunt trat die Max.-Phase, über 11.8 Zoll, um $23^h\ 34^m$ w. Zt. ein (5. bis 6. Tagesstunde). Das berühmte Panagiakloster auf dem Berge Sumelas, wo Panaretos die Totalität sah, liegt etwas östlich von Matzuka, nahe im Meridian von Trapezunt, etwa 18' südlich von letzterer Stadt. Dort ist nach meinen empirischen Korrektionen die Phase so gut wie total.

Eine wenig vertrauenswürdige Quelle meldet zum Leben der Päpste, daß vor dem Tode Innocenz' VI. (1362) eine bedeutende Sonnenfinsternis sich ereignet habe (s. G. III 558). Eine solche ist um jene Zeit für Italien und Byzanz unmöglich Die obige S. F. des Panaretos erreichte für Rom nur 8.2 Zoll, kaum die Grenze jener, bei welcher S. F. im allgemeinen anfangen für das bloße Auge wahrnehmbar zu werden (9 Zoll). In Byzanz konnte die S. F. 10.3 Zoll betragen. — Zentralitätszone s. Karte IV:

	Nördl. Grenze		Südl. Grenze	
t = 333°	λ = 26.64°	φ = 36.41°	λ = 27.04°	φ = 34.25°
336	28.55	37.18	28.93	35.03
339	30.46	37.91	30.81	35.76
342	32.38	38.59	32.69	36.45
345	34.29	39.24	34.59	37.09
348	36.21	39.84	36.48	37.69
351	38.14	40.40	38.39	38.25
354	40.08	40.90	40.30	38.77
357	42.04	41.35	42.21	39.24

II.

Ich komme nun noch zur Beantwortung der Frage: Welche von den historischen S. F., die bisher zur Prüfung der Mondtafeln verwendet worden sind oder die noch keine solche Verwendung gefunden haben, sind wirklich brauchbar für den genannten Zweck? Offenbar nur jene, welche nicht nur der Zeit ihrer Ereignung nach feststehen, sondern bei denen auch der Beobachtungsort des überlieferten Berichtes durch die Beschaffenheit der Geschichtsquelle gesichert ist. In dieser Beziehung kann man nicht sehen, daß verschiedene Autoren kritisch vorgegangen sind. In meinem »Speziellen Kanon« habe ich vor der Benutzung gewisser antiker S. F. gewarnt und durch ausführliche Darlegung der in Betracht kommenden historischen Bedingungen gezeigt, welche von den alten und den bis 600 n. Chr. überlieferten S. F. zu dem genannten Zwecke herangezogen werden können; für die späteren F. bis 1400 enthält die 2. Abhdlg. meiner »Astron. Unters. üb. F.« die nötigen Behelfe. Jedoch sind bis in die neueste Zeit antike S. F. zur Ableitung der verbesserten Mondbahnelemente benutzt worden, die wertlos sind. Namentlich scheint den in England über historische F. schreibenden Autoren (zumeist in den *Month. Not.*, *Observatory*, *Journ. of the Brit. Astron. Assoc.*) mein »Spez. Kanon« unbekannt geblieben zu sein. Der einzige Astronom, welcher in der Hinsicht auf die alten S. F. sich kritisch verhalten hat, war S. Newcomb. Er sagt an einer Stelle[1], daß von allen antiken historischen S. F. nur die von — 477 Februar 16 (Sardes) Wert habe, da bei ihr der Beobachtungsort angegeben sei, und daß neben dieser — mit Vorbehalt des Beobachtungsortes — event. noch jene des Agathokles (— 309 August 14) in Betracht komme. Mit diesen Worten hat Newcomb die Wahrheit gut getroffen. Er ist sich aber selbst untreu geworden, da er verschiedentlich und zwar auch noch in seiner letzten, die früheren Arbeiten zusammenfassenden Publikation[2], welche nach seinem Tode 1912 vom Washingtoner Nautical Almanac herausgegeben wurde, antike S. F. von zweifelhaftem Werte verwendete. Anderseits hat er F.,

---

[1] *Month. Notices* 66. Bd., p. 34.

[2] *Researches on the motion of the Moon*, part II: *the mean motion of the Moon and other astr. elements derived from observ. of eclipses and occultat. extending from the period of the Babylonians until a. D. 1908* [*Astronomical papers* prep. f. the use of the Americ. Ephem. and Naut. Almanac, vol. IX, part 1, Washingt. 1912].

die nach Zeit und Beobachtungsort völlig gesichert sind, ganz beiseite gelassen, was insbesondere in Beziehung auf mittelalterliche S. F. sehr befremdlich ist. Man muß wohl annehmen, daß NEWCOMB in Hinsicht auf die S. F. des Mittelalters den Resultaten zu wenig Beachtung beigemessen hat, welche die Geschichtsforschung aus der Hilfswissenschaft zieht, die bei uns »kritische Erforschung der mittelalterlichen Geschichtsquellen« genannt wird. Eben dieser Erforschungszweig sichert die Herkunft der Quellen, entdeckt ihre Überarbeitungen, usw. Die Geschichtsforschung kann daher in vielen Fällen (wenn auch nicht in allen) auch den Beobachtungsort der F. feststellen; die Zeit (Jahr und Tag) ist ohnehin bei den allermeisten mittelalterlichen F. von den Annalisten notiert.

Deshalb möchte ich noch jene S. F. angeben, die nach meiner Ansicht für die Prüfung der Mondtafeln verwendbar und welche nicht verwendbar sind und will in Kürze die Gründe dafür beisetzen. Das als brauchbar sich erweisende Material an den Ergebnissen von NEWCOMB, P. H. COWELL u. a. zu prüfen, ist nicht meine Sache, denn diese Arbeit würde weit über den Rahmen dieser Abhandlung hinausgehen. Die Arbeit sollte aber, wenn sie gemacht wird, darin bestehen, daß aus den Elementen jener Mondtheorien die jeweiligen Zentralitätszonen der historischen S. F. berechnet werden, woraus ersichtlich sein wird, inwieweit diese ihrer Lage nach den historisch sichergestellten Beobachtungsorten genügen. — In den nachfolgenden Auseinandersetzungen sind für den Zweck der Rückbeziehungen als Abkürzungen eingeführt: Sp. K. (GINZEL, Spez. Kanon), G. II. (GINZEL, Astron. Unters. üb. F.), G. IV (die vorliegende Abhdlg.), e. K. (nach meinen empirischen Korrektionen).

a. Die antiken historischen S. F.

1. — 1062 Juli 30 (Babylon). L. W. KING[1] hat nach einer babylonischen Inschrift folgenden Text angegeben: »On the 26th day of the month Sivan in the seventh year, the day was turned into night and fire in the midst of heaven.« COWELL[2] tritt dafür ein, daß hier die Beschreibung einer totalen S. F. vorliegt, welche auf — 1062 Juli 30, falle; E. NEVILL[3]

---

[1] *Chronicles concerning early Babylonian Kings* [II. Bd. der *Studies in Eastern History*], London 1907, vol. I p. 232—240, Text vol. II p. 76.

[2] *Month. Not.* 65 Bd., p. 861.

[3] Daselbst 67 Bd., p. 15.

setzt die F. auf —1116 Juni 27. Allein abgesehen von der Schwierigkeit, die S. F. dem Jahre nach richtig identifizieren zu können[1], bleibt es Illusion, über die Stellung des Schaltmonats im Jahre und sogar über das Vorhandensein einer regelmäßigen Schaltungsweise bei den Babyloniern des 11. Jahrh. v. Chr. Annahmen und Voraussetzungen zu machen, wie es Nevill tut. Vor dem 7. Jahrh. v. Chr. gab es bei den Babyloniern wahrscheinlich überhaupt noch keine regelmäßige Schaltung[2], und selbst für die spätere Zeit noch ist die Zahl der uns bis jetzt inschriftlich bekannten Schaltjahre zu gering, als daß wir uns von einem Schaltzyklus die richtige Vorstellung machen könnten. — Die S. F. ist unbrauchbar.

2. —762 Juni 14 (Ninive). Das Eponymenjahr des *PUR. AN-ša-gal-e* unter welchem die S. F. vorfiel, ist wohl nach den Bemerkungen im Sp. K. 243 jetzt gesichert, 763 v. Chr. Zweifel kann man (dem Texte des Berichtes nach) der Totalität und dem Beobachtungsort entgegenstellen. Da aber in eine Regierungschronik nur eine lokal beobachtete, sehr bedeutende S. F. aufgenommen werden konnte, so ist die in Ninive beobachtete Phase als sehr auffällig vorauszusetzen. Meine e. K. geben für Ninive 11.6 Zoll. — Die Brauchbarkeit der F. ist nicht ganz abzuweisen. Newcomb berücksichtigt sie und die im folgenden aufgeführten S. F. Nr. 3, 6, 8, 9 und 11.

3. —647 April 5 (Archilochos). Diese F. ist unbrauchbar, da der Beobachtungsort (Paros oder Thasos) zweifelhaft ist, und da noch eine zweite S. F. —660 Juni 27, in Konkurrenz kommt, welche ebenfalls in die Lebenszeit des Archilochos (680—640)[3] fällt. — Sp. K. 167—169.

4. Die S. F. —584 Mai 28 (Thales) und —556 Mai 19 (Larissa) sind beide der historischen Zweifel wegen unbrauchbar. — Sp. K. 173/74.

5. —477 Februar 16 (Sardes). Diese F. ist sehr bedenklich; meine e. K. geben für Sardes nur 11.3 Zoll, dazu war die S. F. nur ringförmig. — Sp. K. 175.

6. —430 August 3 (Athen). Thukydides II 28. Mit geringerem Gewichte verwendbar. — Sp. K. 176/7.

---

[1] Die Ansätze der Historiker für die Zeit der beiden in Betracht kommenden Könige gehen noch um 130 Jahre auseinander.

[2] Vgl. Ginzel, *Handb. d. m. u. t. Chronol.* II, 498.

[3] Siehe Crusius, Artikel »Archilochos«, *Paulys Realenzykl. d. klass. Altert. Wiss.* 3. Halbband, col. 487—507.

7. —399 Juni 21 (Ennius). Unbrauchbar. — Sp. K. 180—182.

8. —309 August 14 (Agathokles). Die F. ist, dem Berichte von Diodor XX 5.5 entsprechend, richtig identifiziert. Zweifelhaft ist der Ort, wo sich der nach Karthago segelnde Agathokles befand, als die S. F. eintrat. Nach meinem e. K. liegt die Zentralitätszone (Sp. K. 186) für eine nördliche oder eine südliche Umschiffung Siziliens gleich günstig. — Daß die F. einen Zusammenhang mit einer von Kleomedes angegebenen, im Hellespont totalen, zu Alexandria partiell beobachteten S. F. haben sollte (Celoria), ist ganz unwahrscheinlich. Kleomedes gehörte dem 1. oder 2. Jahrh. n. Chr. an und ist in seinen Schriften meist von Poseidonios abhängig, welcher im 1. Jahrh. v. Chr. (135—51) lebte. (Vermutlich handelt es sich bei Kleomedes um die folgende S. F. Nr. 9.)

9. — 128 November 20. F. Hultsch[1] hat auf eine Stelle im Kommentar des Pappos von Alexandrien zum 5. Buche der Syntax des Ptolemaios aufmerksam gemacht, die fast unverändert in die Überarbeitung des Kommentars durch Theon gekommen ist. (Pappos lebte wahrscheinlich zur Zeit Diocletians.) Dort heißt es hinsichtlich der Untersuchungen Hipparchs über die Entfernung der Sonne: »Denn im 1. Buche über die Größen und Abstände verzeichnet er folgende Erscheinung. In der Gegend des Hellespont ist genau eine totale S. F. eingetreten, während in Alexandria in Ägypten nur nahezu 4 Fünftel des Diameters verfinstert wurden.« Nach dem Wortlaute dieses Textes ist nicht sicher, daß Hipparch die S. F. selbst beobachtet hat. Vom Leben des Hipparch wissen wir nur wenig; seine astronomische Tätigkeit liegt zwischen 161—126 v. Chr. Das meiste hat er auf Rhodus beobachtet, indessen scheint der dortige Aufenthalt mehrfach unterbrochen worden zu sein; Rehm[2] neigt zu der Annahme, daß Alexandria der eigentliche Wohnort Hipparchs war. Fotheringham[3] glaubt das Datum der F. — 128 November 20 stützen zu können. — Wegen der obwaltenden Unsicherheit bleibt die Verwendung der S. F. für die Prüfung der Mondtafeln sehr bedenklich.

---

[1] *Hipparchos über die Größe und Entfernung der Sonne* (*Ber. d. philol.-histor. Kl. der Kgl. Sächs. Gesellsch. d. Wiss. zu Leipz.* 1900), S. 195—199.

[2] Artikel Hipparch in *Paulys Realenzykl. d. klass. Alt. Wiss.* Neue Bearb. 16. Halbband, 1913, col. 1666.

[3] *Month. Not.* 69. Bd., p. 204 f.

10. + 71 März 19 (PLUTARCH). Diese in der Schrift *de facie in orbe lunae* erwähnte S. F. ist sehr brauchbar für unsern Zweck. Aus PLUTARCHS Lebensumständen ist sicher bekannt, daß er die Schrift in seinem jüngeren Alter schrieb und sich damals lehrend zu Delphi oder Chäronea aufhielt. Meine e. K. geben nahe 12 Zoll Phase für letztere Orte. Die Totalitätszone ist sehr schmal und deshalb zur Prüfung sehr geeignet. — Sp. K. 202—204.

11. + 197 Juni 2 (TERTULLIAN). Wegen der Unsicherheit in der Auslegung des Textes und auch des Beobachtungsortes unbrauchbar. — Sp. K. 206.

12. + 418 Juli 18 (Byzanz). Fraglich, ob verwendbar. — Sp. K. 217/18.

b. Die mittelalterlichen S. F.

Nur die brauchbaren sind aufgeführt.

1. 483 Januar 13. Totalität von MARINUS, dem Schüler des Philosophen PROKLUS zu Athen beobachtet. — F. sehr brauchbar. — Sp. K. 222.

2. 590 Oktober 3. Beim Ausmarsch des Kaisers Mauricius aus Byzanz total, vom Bischof GREGOR in Tours partiell beobachtet. — Sp. K. 227.

3. 693 Oktober 4. Total in Bagdad (nach HUWARAZMI) und Byzanz (nach THEOPHANES). — G. II 658, G. IV Nr. 1.

4. 733 August 13. Total in Südengland (Anglo-Saxon-Chronicle). — G. II 660.

5. 840 Mai 5. Totalität zu Lyon, Metz, Südbayern, Como, Bergamo. — G. II 663—669.

6. 878 Oktober 29. Totalität zu St-Amand, Fulda, Erfurt, Engelhaus, Südisland (?) — G. II 669—673.

7. 891 August 7. Byzanz (?). — G. II 673 f.

8. 939 Juli 18. Monte Cassino. — G. II 675 f.

9. 968 Dezember 21. Byzanz (LEO DIACONUS Augenzeuge)[1], Korfu (Erzbischof LIUDPRAND Augenzeuge), Kalabrien, Fleury, total. — G. II 677 f.

10. 1033 Juni 28. Total zu Cluny, Fleury, Bèze, Ani (Armenien); für Limoges partiell beschrieben. — G. II 682—687, G. IV Nr. 3.

11. 1113 März 18. Größe der Partialität von FULCHER in Jerusalem beschrieben. — G. IV Nr. 4.

---

[1] Diese Quelle gibt den frühesten Bericht der Beobachtung der Korona mit freiem Auge während einer totalen Sonnenfinsternis.

12. 1133 August 2. Totalität zur Durham, Insel Man, Floreffe, Lüttich, Fosse, Egmunda, Erfurt, Corvei, Hildesheim, Köln, Aachen, Würzburg, Disibodenberg, Heilsbronn, Reichersberg, Freising, Hirsau, Admont, Straßburg (?); in Prag partiell, desgleichen in Armenien. — G. II 697—706, G IV Nr. 6.

13. 1147 Oktober 25. Total zu Lüttich, Brauweiler; partiell in Magdeburg, Braunschweig und Dorylaeum (Augenzeuge). — G. II 710—713, G. IV Nr. 7.

14. 1187 September 3. Total zu Lund, Fünnen (?), für Askalon und Erzerum partiell. — G. II 719—722, G. IV. Nr. 8.

15. 1191 Juni 22. Northumberland total, Freiburg i. Br., Anchin partiell. — G. II 723—727.

16. 1239 Juni 2. Total zu Monpellieri, Mirabeau, Digne, Alessandria, Piacenza, Parma, Reggio (Augenzeuge), Modena, Florenz, Siena, Arezzo, Ravenna, Cesena, Verona. Lucca (Augenzeuge), Genua (Augenzeuge), Spalato (Augenzeuge), Bologna (?). — Celoria, G. IV Nr. 11.

17. 1241 Oktober 6. Total zu Stade, Erfurt, Ensdorf, Ellwangen, Altaich, Reichersberg, Scheftlarn, Salzburg, Admont, Weihenstephan, Augsburg, Neresheim; zu Lambach, Verden, Altenzelle, Osterhofen, Wien (?) vielleicht total oder doch sehr auffällig; ferner in Spalato (Augenzeuge) und im Nildelta (einschließlich Alexandria) total. — Celoria, G. II 730—732, G. IV Nr. 12.

18. 1267 Mai 24. Total in Konstantinopel. — G. II 737.

19. 1330 Juli 16. Total in Thrazien (Konstantinopel?), Böhmen (Prag?); für Florenz, Bologna, Spalato partiell beschrieben; Südisland. — G. II 744—746, G. IV Nr. 15.

20. 1339 Juli 7. Zu Reykjiavik und Skalholt total. — G. II 747, G. IV Nr. 17.

21. 1361 Mai 4. Totalität bei Trapezunt, im Panagiakloster (Augenzeuge). — G. IV Nr. 18.

Berlin, gedruckt in der Reichsdruckerei.

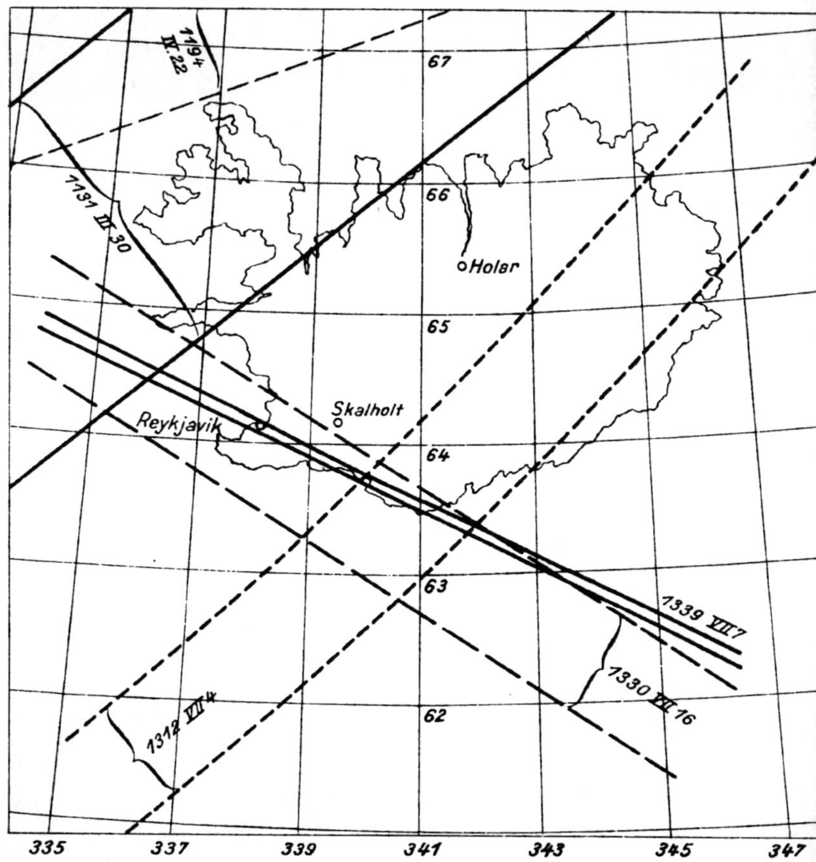

Karte I.

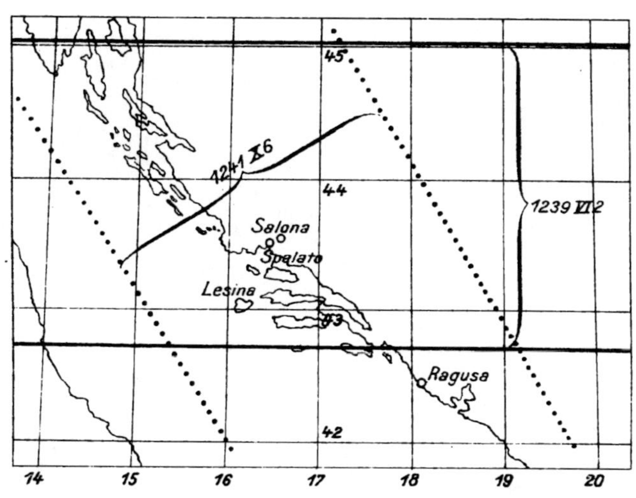

Karte II.

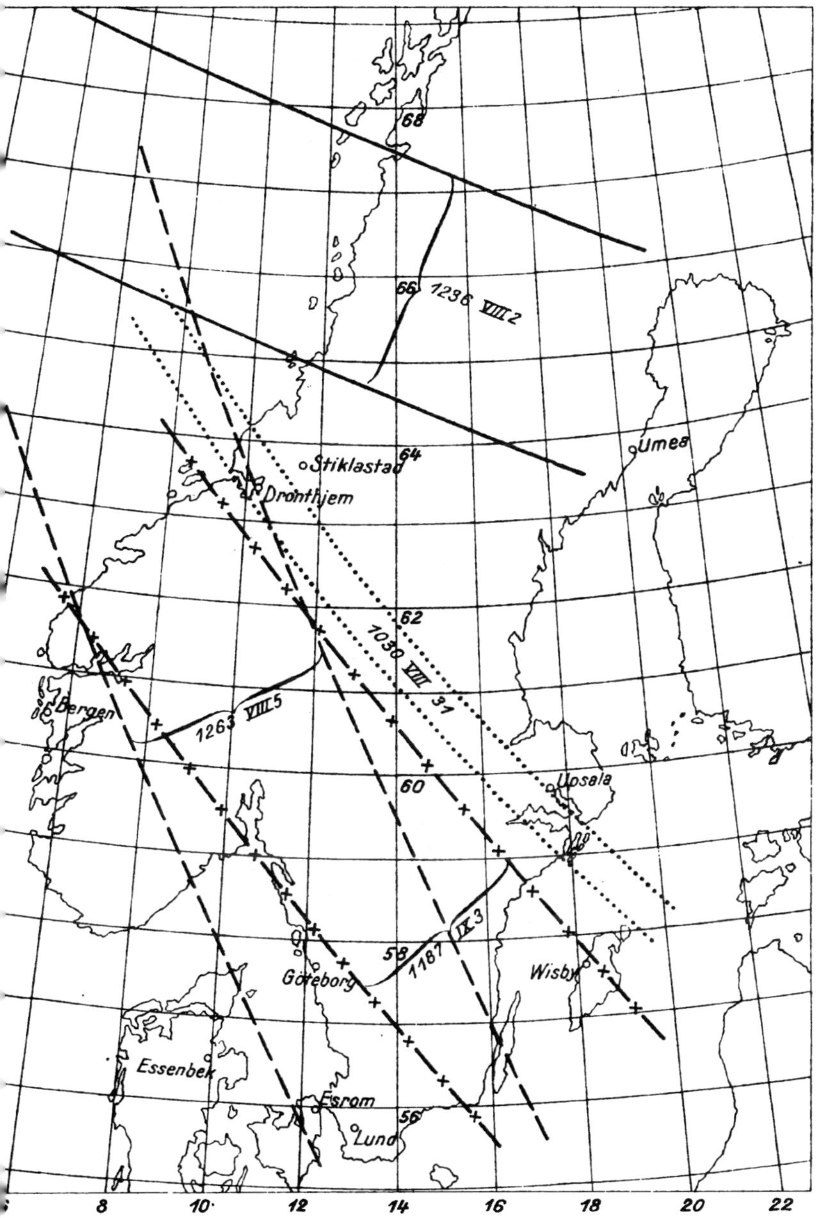

Karte III.

torischen Sonnenfinsternisse.

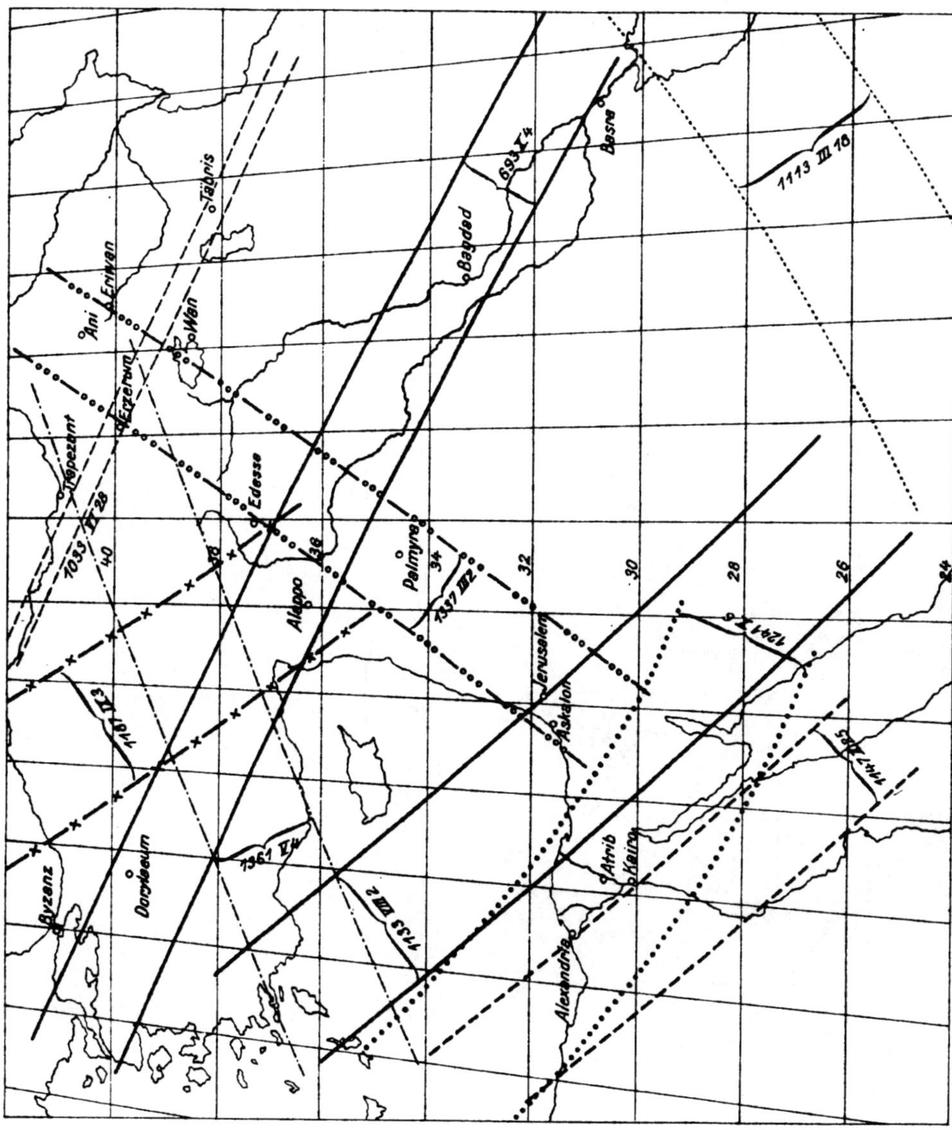

Karte IV.

F. K. Ginzel: Beiträge zur Kenntnis der historischen Sonnenfinsternisse.

Taf. II.

FSC
www.fsc.org
MIX
Papier | Fördert gute Waldnutzung
FSC® C083411

Zeitfracht Medien GmbH
Ferdinand-Jühlke-Straße 7
99095 Erfurt, Deutschland
produktsicherheit@kolibri360.de